Heinz Klaus Strick

Einführung in die Beurteilende Statistik

Lösungen

Schroedel

Einführung in die Beurteilende Statistik

Lösungen

ISBN 3-507-**83205**-4

© 1999 Schroedel Verlag
im Bildungshaus Schroedel Diesterweg Bildungsmedien GmbH & Co. KG, Hannover

Alle Rechte vorbehalten. Dieses Werk sowie einzelne Teile desselben sind urheberrechtlich geschützt. Jede Verwertung in anderen als den gesetzlich zugelassenen Fällen ist ohne vorherige schriftliche Zustimmung des Verlages nicht zulässig.

Druck $A^{8\,7\,6\,5\,4}$ / Jahr 2008 2007 2006 2005 2004

Umschlagentwurf: Kochinke Und Kein Partner
Grafik: Michael Wojczak
Satz: Christina Gundlach, Edemissen
Druck: Westermann Braunschweig

Inhaltsverzeichnis

1.	**Elemente der Stochastik – Grundlagen**	
1.1.	Einführung in die Problematik	4
1.2.	LAPLACE-Versuche	4
1.3.	Wahrscheinlichkeit und relative Häufigkeit	5
1.4.	Simulation von Zufallsversuchen	7
1.5.	Elementare Rechenregeln für Wahrscheinlichkeiten	8
1.6.	Rechenregeln für mehrstufige Zufallsversuche - Pfadregeln	10
2.	**Vertiefung der Grundlagen**	
2.1.	Baumdiagramme und Vierfeldertafeln	15
2.2.	Kombinatorische Probleme	20
2.3.	Zufallsgrößen und deren Verteilungen	22
2.4.	Erwartungswert einer Zufallsgröße	28
3.	**Binomialverteilungen**	
3.1.	BERNOULLI-Versuche	36
3.2.	Anwendung der Binomialverteilung	38
3.3.	Eigenschaften von Binomialverteilungen	41
3.4.	Binomialverteilungen bei großem Stichprobenumfang – Umgebungen um den Erwartungswert	45
3.5.	Varianz und Standardabweichung bei Binomialverteilungen	46
3.6.	Schluss von der Gesamtheit auf die Stichprobe	47
3.7.	Mindest- bzw. Höchstzahl von Erfolgen	49
3.8.	Exkurs: Approximation der Binomialverteilung durch die Normalverteilung	50
4.	**Testen und Schätzen**	
4.1.	Testen von Hypothesen	52
4.2.	Einseitige Hypothesentests	53
4.3.	Wahrscheinlichkeit für einen Fehler 2. Art	55
4.4.	Konfidenzintervalle	56
4.5.	Der notwendige Umfang einer Stichprobe	57
4.6.	Exkurs: Polynomialverteilung und χ^2-Test	59
5.	**Anwendungsaufgaben**	
5.1.	Befragungen und Prognosen	63
5.2.	Probleme aus der Genetik	70
5.3.	Statistik der Geburten	77
5.4.	Glücksspiele	87
5.5.	Sprachen und Namen	98
5.6.	Verschiedene Gebiete	101
	Abituraufgaben	107

1. Elemente der Stochastik – Grundlagen

1.1 Einführung in die Problematik

6   **1.** (1) S = Menge aller Daten der in Frage kommenden Kalenderjahre,
z. B. S = {01.01.80; 02.01.80; ...; 31.12.80; ...; 31.12.82} oder
S = {01.01., 02.01., ..., 31.12.}

(2) S = {W, ZW, ZZW, ZZZW, ...} oder
S = {1, 2, 3, 4, ...} ← Anzahl der Würfe, bis Wappen fällt

(3) S = {CDU/CSU, SPD, Grüne, FDP, PDS, ...} oder
S = {Regierungspartei, Oppositionspartei}

(4) S = {WW, WZ, ZW, ZZ} oder
S = {0-mal Wappen, 1-mal Wappen, 2-mal Wappen}

(5) S = {1, 2, 3, 4, 5, 6} ← Anzahl der Würfe, bis Eigenschaft erfüllt

oder
S = {6, 51, 52, 53, 54, 55, 56, 42, 43, 44, 45, 46, 33, 34, 35, 36, 24, 25, 26, 15, 16,
411, 412, 413, 414, 415, 416, 312, 313, 314, 315, 316, 321, 322, 323, 324, 325,
326, ..., 21111, 21112, 21113, 21114, 21115, 21116, 111111}

(6) S = {(1; 2; 3; 4; 5; 6), (1; 2; 3; 4; 5; 7), ..., (44, 45, 46, 47, 48, 49)} oder
S = {0 richtige Zahlen, 1 richtige Zahl, 2 richtige Zahlen, ..., 6 richtige Zahlen}

(7) S = {Fahrzeug erhält Plakette; Fahrzeug erhält keine Plakette} oder
S = {Fahrzeug hat keinen Mangel; Fahrzeug hat einen unerheblichen Mangel;
Fahrzeug hat einen erheblichen Mangel}

(8) S = {1, 2, 3, ..., 300 000} oder S = {unter 100 000 km, über 100 000 km}

1.2 LAPLACE-Versuche

8   **1.** Falsche Zuordnung von LEIBNIZ:

Augensumme	Ergebnis	falsche Wahrscheinlichkeit
2	11	$\frac{1}{21}$
3	12	$\frac{1}{21}$
4	13, 22	$\frac{2}{21}$
5	14, 23	$\frac{2}{21}$
6	15, 24, 33	$\frac{3}{21}$
7	16, 25, 34	$\frac{3}{21}$
8	26, 35, 44	$\frac{3}{21}$

8

Augensumme	Ergebnis	falsche Wahrscheinlichkeit
9	36, 45	$\frac{2}{21}$
10	46, 55	$\frac{2}{21}$
11	56	$\frac{1}{21}$
12	66	$\frac{1}{21}$

2. Falsche Zuordnung der Zeitgenossen von GALILEI:

Augensumme	falsche Wahrscheinlichkeit
3	$\frac{1}{56}$
4	$\frac{1}{56}$
5	$\frac{2}{56}$
6	$\frac{3}{56}$
7	$\frac{4}{56}$
8	$\frac{5}{56}$
9	$\frac{6}{56}$
10	$\frac{6}{56}$
11	$\frac{6}{56}$
12	$\frac{6}{56}$
13	$\frac{5}{56}$
14	$\frac{4}{56}$
15	$\frac{3}{56}$
16	$\frac{2}{56}$
17	$\frac{1}{56}$
18	$\frac{1}{56}$

1.3 Wahrscheinlichkeit und relative Häufigkeit

12

1. a) Männer $\quad p = \frac{51896}{92224} = 0{,}563$ $\qquad$ Frauen $\quad p = \frac{72131}{95949} = 0{,}752$

   b) 1901/10
   Männer $\quad p = \frac{17586}{55340} = 0{,}318$ $\qquad$ Frauen $\quad p = \frac{23006}{59812} = 0{,}385$
   1932/34
   Männer $\quad p = \frac{33479}{76322} = 0{,}439$ $\qquad$ Frauen $\quad p = \frac{39132}{79620} = 0{,}491$

12 2.

Jahr	relative Häufigkeiten der kumulierten Werte		
	Heimsiege	Unentschieden	Heimniederlagen
75	0,565	0,271	0,163
76	0,556	0,268	0,176
77	0,578	0,244	0,178
78	0,569	0,252	0,178
79	0,576	0,243	0,181
80	0,569	0,246	0,185
81	0,570	0,243	0,187
82	0,569	0,243	0,188
83	0,569	0,240	0,191
84	0,567	0,242	0,191
85	0,565	0,243	0,192
86	0,563	0,244	0,192
87	0,560	0,247	0,194
88	0,555	0,251	0,194
89	0,552	0,254	0,195
90	0,542	0,260	0,198
91	0,536	0,265	0,199
92	0,534	0,267	0,200
93	0,532	0,267	0,201
94	0,529	0,267	0,203
95	0,523	0,271	0,205
96	0,523	0,270	0,208

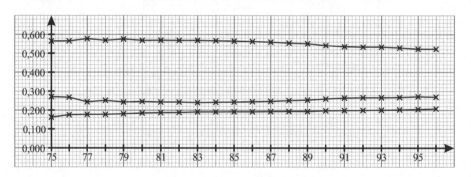

12 3.

n	Spitze	Seite
125	0,488	0,512
250	0,488	0,512
375	0,485	0,515
500	0,490	0,510
625	0,485	0,515
750	0,481	0,519
875	0,475	0,525
1 000	0,475	0,525
1 125	0,476	0,524
1 250	0,483	0,517

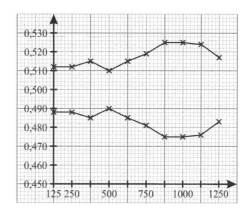

4.

geschossene Tore	a) relative Häufigkeit	b) Wahrscheinlichkeit
0	0,109	0,11
1	0,172	0,17
2	0,233	0,24*
3	0,180	0,18
4	0,156	0,16
5	0,082	0,08
6	0,041	0,04
7	0,014	0,01
≥ 8	0,013	0,01

*Damit 100 Kugeln in die Urne gelegt werden können, musste hier aufgerundet werden.

1.4. Simulation von Zufallsversuchen

15 2. p_n = P (von n Personen haben mindestens 2 im gleichen Monat Geburtstag)
   a) $p_4 \approx 0{,}427$ $p_5 \approx 0{,}618$ b) $p_6 \approx 0{,}777$

16 3. P(von 5 Bildern sind mindestens 2 gleich) ≈ 0,525
   Simulation durch Ziehen mit Zurücklegen.

   4. (1) 0,368   (2) 0,368   (3) 0,183   (4) 0,081

1.5. Elementare Rechenregeln für Wahrscheinlichkeiten

1. a) $P(A) = \frac{16}{50} = 0{,}32$ $\quad\quad$ $P(B) = \frac{10}{50} = 0{,}20$ $\quad\quad$ $P(C) = \frac{3}{50} = 0{,}06$
$P(D) = \frac{3}{50} = 0{,}06$ $\quad\quad$ $P(E) = \frac{2}{50} = 0{,}04$

b) $P(A \cup B) = \frac{23}{50} = 0{,}46$ $\quad\quad$ $P(B \cup D) = \frac{10}{50} = 0{,}20$
$P(A \cup C) = \frac{18}{50} = 0{,}36$ $\quad\quad$ $P(B \cup E) = \frac{12}{50} = 0{,}24$
$P(A \cup D) = \frac{16}{50} = 0{,}32$ $\quad\quad$ $P(C \cup D) = \frac{6}{50} = 0{,}12$
$P(A \cup E) = \frac{18}{50} = 0{,}36$ $\quad\quad$ $P(C \cup E) = \frac{5}{50} = 0{,}10$
$P(B \cup C) = \frac{13}{50} = 0{,}26$ $\quad\quad$ $P(D \cup E) = \frac{5}{50} = 0{,}10$

2. (1) $P(E) = \frac{1}{6} + \frac{1}{6} - \frac{1}{36} = \frac{11}{36}$ $\quad$ (2) $P(E) = \frac{1}{3} + \frac{1}{3} - \frac{4}{36} = \frac{20}{36} = \frac{5}{9}$ $\quad$ (3) $P(E) = \frac{1}{2} + \frac{1}{2} - \frac{1}{4} = \frac{3}{4}$

3. a) P(König oder Dame) = P(König) + P(Dame) = $\frac{1}{8} + \frac{1}{8} = \frac{1}{4}$
b) P(rot oder Karo) = P(rot) + P(Karo) – P(rotes Karo) = $\frac{1}{2} + \frac{1}{4} - \frac{1}{4} = \frac{1}{2}$
c) P(schwarz oder Zahl) = P(schwarz) + P(Zahl) – P(schwarze Zahl) = $\frac{1}{2} + \frac{1}{2} - \frac{1}{4} = \frac{3}{4}$
d) P(Bild oder Kreuz) = P(Bild) + P(Kreuz) – P(Kreuz Bild) = $\frac{3}{8} + \frac{1}{4} - \frac{3}{32} = \frac{17}{32}$

4. a) $P(E_1) = \frac{15}{30}$ $\quad\quad$ b) $P(E_2) = \frac{10}{30}$ $\quad\quad$ c) $P(E_3) = \frac{6}{30}$

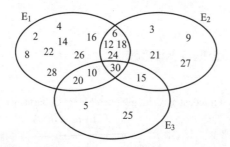

$P(E_1 \cup E_2 \cup E_3)$
$= P(E_1) + P(E_2) + P(E_3) - P(E_1 \cap E_2) - P(E_1 \cap E_3) - P(E_2 \cap E_3) + P(E_1 \cap E_2 \cap E_3)$
$= \frac{15}{30} + \frac{10}{30} + \frac{6}{30} - \frac{5}{30} - \frac{3}{30} - \frac{2}{30} + \frac{1}{30} = \frac{22}{30} = \frac{11}{15}$

b) $P(E_1 \cup E_2 \cup E_3) = P((E_1 \cup E_2) \cup E_3) = P(E_1 \cup E_2) + P(E_3) - P((E_1 \cup E_2) \cap E_3)$
$= P(E_1) + P(E_2) - P(E_1 \cap E_2) + P(E_3) - P((E_1 \cap E_3) \cup (E_2 \cap E_3))$
$= P(E_1) + P(E_2) - P(E_1 \cap E_2) + P(E_3) - P(E_1 \cap E_3)$
$\quad - P(E_2 \cap E_3) + P(E_1 \cap E_3 \cap E_2 \cap E_3)$
$= P(E_1) + P(E_2) + P(E_3) - P(E_1 \cap E_2) - P(E_2 \cap E_3) - P(E_2 \cap E_3) + P(E_1 \cap E_2 \cap E_3)$

18 4. c) $P(E_1) = \frac{15}{30}$, $P(E_2) = \frac{10}{30}$, $P(E_3) = \frac{6}{30}$, $P(E_4) = \frac{7}{30}$, $P(E_5) = \frac{5}{30}$

$P(E_1 \cap E_2) = \frac{5}{30}$, $P(E_1 \cap E_3) = \frac{3}{30}$, $P(E_1 \cap E_4) = \frac{7}{30}$, $P(E_1 \cap E_5) = \frac{5}{30}$,
$P(E_2 \cap E_3) = \frac{2}{30}$, $P(E_2 \cap E_4) = \frac{2}{30}$, $P(E_2 \cap E_5) = \frac{5}{30}$, $P(E_3 \cap E_4) = \frac{1}{30}$,
$P(E_3 \cap E_5) = \frac{1}{30}$, $P(E_4 \cap E_5) = \frac{2}{30}$

$P(E_1 \cap E_2 \cap E_4) = \frac{2}{30}$, $P(E_1 \cap E_2 \cap E_5) = \frac{5}{30}$, $P(E_1 \cap E_3 \cap E_4) = \frac{1}{30}$,
$P(E_1 \cap E_3 \cap E_5) = \frac{1}{30}$, $P(E_1 \cap E_4 \cap E_5) = \frac{2}{30}$, $P(E_2 \cap E_3 \cap E_4) = \frac{0}{30}$,
$P(E_2 \cap E_3 \cap E_5) = \frac{1}{30}$, $P(E_2 \cap E_4 \cap E_5) = \frac{2}{30}$, $P(E_3 \cap E_4 \cap E_5) = \frac{0}{30}$

$P(E_1 \cup E_2 \cup E_4) = \frac{20}{30}$, $P(E_1 \cup E_2 \cup E_5) = \frac{20}{30}$, $P(E_1 \cup E_3 \cup E_4) = \frac{18}{30}$,
$P(E_1 \cup E_3 \cup E_5) = \frac{18}{30}$, $P(E_1 \cup E_4 \cup E_5) = \frac{15}{30}$, $P(E_2 \cup E_3 \cup E_4) = \frac{18}{30}$,
$P(E_2 \cup E_3 \cup E_5) = \frac{14}{30}$, $P(E_2 \cup E_4 \cup E_5) = \frac{13}{30}$, $P(E_3 \cup E_4 \cup E_5) = \frac{14}{30}$

d) Falls $E_1 \cap E_2 = E_1 \cap E_3 = E_2 \cap E_3 = \emptyset$

19 5. (1) $\frac{34}{50}$ (2) $\frac{43}{50}$ (3) 1

6. a) (1) $\frac{26}{36}$ (2) $\frac{26}{36}$ b) $\frac{22}{36}$ c) $\frac{11}{36}$

7. a) $\frac{212}{216}$ b) $\frac{91}{216}$ c) $\frac{215}{216}$

8. $P(E_1) = \frac{6}{20}$ $P(E_2) = \frac{5}{20}$

a) (1) „Weder durch 3 noch durch 4 teilbar" bedeutet „nicht durch 3 **und** nicht durch 4 teilbar" und umfasst deshalb alle Ergebnisse außerhalb von $E_1 \cup E_2$.

(2) $P(\overline{E_1} \cap \overline{E_2}) = P(\overline{E_1 \cup E_2}) = 1 - P(E_1 \cup E_2)$
$= 1 - [P(E_1) + P(E_2) - P(E_1 \cap E_2)] = 1 - P(E_1) - P(E_2) + P(E_1 \cap E_2)$

(3) $P(\overline{E_1} \cap \overline{E_2}) = 1 - \frac{6}{20} - \frac{5}{20} + \frac{1}{20} = \frac{10}{20}$

b) (1) $1 - \frac{6}{20} - \frac{4}{20} + \frac{1}{20} = \frac{11}{20}$
(2) $1 - \frac{4}{20} - \frac{3}{20} + \frac{0}{20} = \frac{13}{20}$
(3) $1 - \frac{5}{20} - \frac{4}{20} + \frac{1}{20} = \frac{12}{20}$
(4) $P(\overline{E_1} \cap E_2) = P(E_2 \setminus E_1) = \frac{4}{20}$ (direkt bestimmt)

$P(\overline{E_1} \cap E_2) = P(\overline{E_1 \cup \overline{E_2}}) = 1 - P(E_1) - P(\overline{E_2}) + P(E_1 \cap \overline{E_2})$
$= 1 - \frac{6}{20} - \frac{15}{20} + \frac{5}{20} = \frac{4}{20}$

1.6 Rechenregeln für mehrstufige Zufallsversuche – Pfadregeln

21

1. (1) In 25 von 36 möglichen Ergebnissen kommt keine 6 vor.
   (2) Pfadregel: P(nicht 6) · P(nicht 6) = $\frac{5}{6} \cdot \frac{5}{6} = \frac{25}{36}$

2. a)

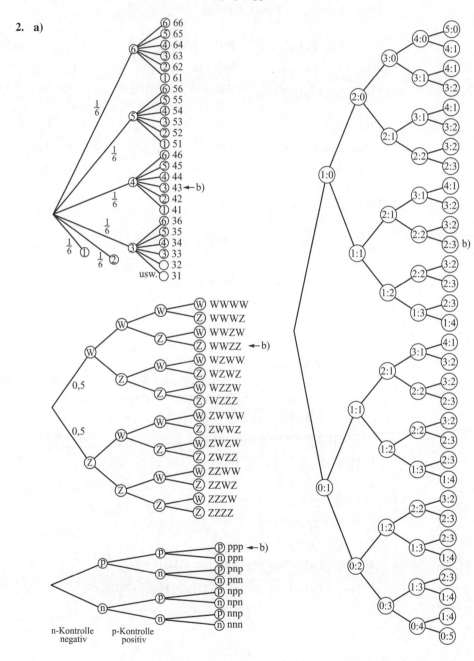

3. a)

Ergebnis	Wahrscheinlichkeit	
⊥ ⊥ ⊥ ⊥	$0,6^4$	$= 0,1296$
⊥ ⊥ ⊥ ⋋	$0,6^3 \cdot 0,4$	$= 0,0864$
⊥ ⊥ ⋋ ⊥	$0,6^3 \cdot 0,4$	$= 0,0864$
⊥ ⊥ ⋋ ⋋	$0,6^2 \cdot 0,4^2$	$= 0,0576$
⊥ ⋋ ⊥ ⊥	$0,6^3 \cdot 0,4$	$= 0,0864$
⊥ ⋋ ⊥ ⋋	$0,6^2 \cdot 0,4^2$	$= 0,0576$
⊥ ⋋ ⋋ ⊥	$0,6^2 \cdot 0,4^2$	$= 0,0576$
⊥ ⋋ ⋋ ⋋	$0,6 \cdot 0,4^3$	$= 0,0384$
⋋ ⊥ ⊥ ⊥	$0,6^3 \cdot 0,4$	$= 0,0864$
⋋ ⊥ ⊥ ⋋	$0,6^2 \cdot 0,4^2$	$= 0,0576$
⋋ ⊥ ⋋ ⊥	$0,6^2 \cdot 0,4^2$	$= 0,0576$
⋋ ⊥ ⋋ ⋋	$0,6 \cdot 0,4^3$	$= 0,0384$
⋋ ⋋ ⊥ ⊥	$0,6^2 \cdot 0,4^2$	$= 0,0576$
⋋ ⋋ ⊥ ⋋	$0,6 \cdot 0,4^3$	$= 0,0384$
⋋ ⋋ ⋋ ⊥	$0,6 \cdot 0,4^3$	$= 0,0384$
⋋ ⋋ ⋋ ⋋	$0,4^4$	$= 0,0256$

d) m bedeutet: ein Kind ist männlich,
w bedeutet: ein Kind ist weiblich.
Setzt man $P(m) = P(w) = \frac{1}{2}$ (was näherungsweise richtig ist) ergibt sich:

Ergebnis	Wahrscheinlichkeit
m m m m	
m m m w	
m m w m	
m w m m	
w m m m	
w w m m	
w m w m	alle Ergebnisse
w m m w	haben die
m w w m	Wahrscheinlichkeit
m w m w	
m m w w	$\left(\frac{1}{2}\right)^4 = \frac{1}{16}$
m w w w	
w m w w	
w w m w	
w w w m	
w w w w	

b) Alle Ergebnisse haben die Wahrscheinlichkeit $\left(\frac{1}{2}\right)^5$.

c) Alle Ergebnisse haben die Wahrscheinlichkeit $\left(\frac{1}{6}\right)^2$.

4. a) Wahrscheinlichkeit für Freunde

```
         0,946  (B50) 0,895
   (A50)
 0,946   0,054  (B̶5̶0̶) 0,051
X
 0,054   0,946  (B50) 0,051
   (A̶5̶0̶)
         0,054  (B̶5̶0̶) 0,003
```

Wahrscheinlichkeit für Freundinnen
$(0,973^2 \approx 0,947)$

$(0,973 \cdot 0,027 \approx 0,026)$

$(0,027 \cdot 0,973 \approx 0,026)$

$(0,027 \cdot 0,027 \approx 0,001)$

A50: Person A wird 50 Jahre alt.
B50: Person B wird 50 Jahre alt.

P(die Freunde werden 70 Jahre alt) = $0,673^2 \approx 0,453$
P(die Freundinnen werden 70 Jahre alt) = $0,829^2 \approx 0,687$

b)

	m	w
Silberhochzeit:	$0,941 \cdot 0,971$	$\approx 0,914$
Goldhochzeit:	$0,529 \cdot 0,730$	$\approx 0,386$

c)

	m	w	k
Mädchen:	$0,364 \cdot 0,584 \cdot 0,959$		$\approx 0,204$
Junge:	$0,364 \cdot 0,584 \cdot 0,922$		$\approx 0,196$

22 5.

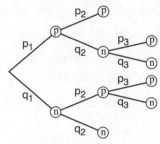

Die Kontrollen könnten (nach der Vorgabe) auch dann abgebrochen werden, wenn zwei Kontrollen bereits positiv verlaufen sind. Gesucht sind die Fälle, in denen das Produkt $p_1 \cdot p_2 + q_1 \cdot q_2$ möglichst groß ist.

p_1	p_2	q_1	q_2	$p_1 \cdot p_2 + q_1 \cdot q_2$
0,8	0,9	0,2	0,1	0,70
0,8	0,85	0,2	0,15	0,71
0,9	0,85	0,1	0,15	0,78

Kontrolliert man erst Breite und Höhe (oder in umgekehrter Reihenfolge), dann ist die Gesamtzahl der Kontrollen am geringsten.
Bei 100 Werkstücken benötigt man ca. $78 \cdot 2 + 22 \cdot 3$, also 222 (statt 300) Kontrollvorgänge.

23 6. a) Da hier - im Unterschied zu Aufgabe 5 - drei Qualitätsstufen unterschieden werden (I., II. Wahl, Ausschussware), kann nur im Fall von zwei negativen Prüfergebnissen auf die 3. Kontrolle verzichtet werden. Man prüft daher zuerst Form und Oberfläche (oder umgekehrt), um möglichst viele unbrauchbare Artikel auszuschließen.

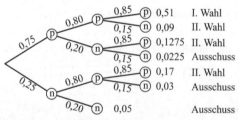

| Kontrolle der Form | Kontrolle d.Oberfläche | Kontrolle der Farbe |

7. (1) $\xrightarrow{0,8}$ (b) $\xrightarrow{0,8}$ (b) $\xrightarrow{0,8}$ (b) $\xrightarrow{0,2}$ (u)   P(bbbu) = 0,1024

P(bbbu, bbub, bubb, ubbb) = 0,4096

(2) $\xrightarrow{0,3}$ (I) $\xrightarrow{0,3}$ (I) $\xrightarrow{0,5}$ (II) $\xrightarrow{0,5}$ (II)   P(I I II II) = 0,0225

P(I I II II, I II I II, I II II I, II I I II, II I II I, II II I I) = 0,135

8. a) $\xrightarrow{0,15}$(M)$\xrightarrow{0,15}$(M)$\xrightarrow{0,15}$(M)   P(MMM) = 0,003375

b) $\xrightarrow{0,6}$(P)$\xrightarrow{0,6}$(P)$\xrightarrow{0,6}$(P)   P(PPP) = 0,216

c) $\xrightarrow{0,6}$(P)$\xrightarrow{0,6}$(P)$\xrightarrow{0,2}$(L)   P(PPL) = 0,072

P(PPL, PLP, LPP) = 0,216

d) $\xrightarrow{0,2}$(L)$\xrightarrow{0,6}$(P)$\xrightarrow{0,15}$(M)   P(LPM) = 0,018

P(LPM, LMP, PLM, PML, MLP, MPL) = 0,108

9. a) $\xrightarrow[(0,785)]{0,859}$(Mü)$\xrightarrow{0,954}$(Fü)   P(beide überleben) ≈ 0,819
   (0,749)

b) $\xrightarrow[(0,081)]{0,054}$(Mst.)$\xrightarrow{0,982}$(Fü)   P(Frau erbt nach 20 Jahren) ≈ 0,053
   (0,080)

c) $\xrightarrow[(0,866)]{0,912}$(Mü)$\xrightarrow{0,029}$(Fst.)   P(Mann erbt nach 25 Jahren) ≈ 0,026
   (0,025)

10. (1) $\left(\frac{1}{4}\right)^3 = \frac{1}{64}$ (2) $3 \cdot \frac{1}{4} \cdot \left(\frac{3}{4}\right)^2 = \frac{27}{64}$ (3) $1 - \left(\frac{3}{4}\right)^3 = \frac{37}{64}$

11. a) (1) Bei der 1. Drehung des Glücksrads erhält man sicher $\left(\frac{10}{10}\right)$ irgendeine Ziffer; bei der 2. Drehung mit Wahrscheinlichkeit $\frac{9}{10}$ eine Ziffer, die verschieden ist von der 1. Ziffer, entsprechend mit Wahrscheinlichkeit $\frac{8}{10}$ bei der 3. Drehung eine Ziffer, die sich von der der 1. und 2. Drehung unterscheidet.
$\frac{10}{10} \cdot \frac{9}{10} \cdot \frac{8}{10} = \frac{72}{100}$

(2) $10 \cdot \left(\frac{1}{10}\right)^3 = \frac{1}{100}$

b) (1) $\frac{30}{30} \cdot \frac{27}{29} \cdot \frac{24}{28} \approx 0{,}798$ (2) $10 \cdot \frac{3}{30} \cdot \frac{2}{29} \cdot \frac{1}{28} \approx 0{,}0025$

12.

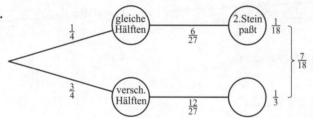

13. a) (1) $\frac{1}{32}$ (2) $\frac{31}{32} \cdot \frac{1}{31} = \frac{1}{32}$ (3) $\frac{31}{32} \cdot \frac{30}{31} \cdot \frac{29}{30} \cdot \frac{28}{29} \cdot \frac{1}{28} = \frac{1}{32}$

b) P(als eine unter den ersten 5 Karten)
= P(als 1. oder als 2. oder ... oder als 5.) = $5 \cdot \frac{1}{32} = \frac{5}{32}$

(analog mit 52 Karten)

14. a) (1) $\frac{1}{49}$ $\left(\frac{48}{49} \cdot \frac{1}{48} = \frac{1}{49}; \; \frac{48}{49} \cdot \frac{47}{48} \cdot \frac{46}{47} \cdot \frac{45}{46} \cdot \frac{1}{45} = \frac{1}{49}\right)$ (2) $6 \cdot \frac{1}{49} = \frac{6}{49}$

b) (1) $\frac{6}{49}$ (2) $\frac{43}{49} \cdot \frac{6}{49} \approx 0{,}107$, $\left(\frac{43}{49}\right)^2 \cdot \frac{6}{49} \approx 0{,}094$, $\left(\frac{43}{49}\right)^3 \cdot \frac{6}{49} \approx 0{,}083$

15. Tetraeder

$P(E) = \frac{1}{4} + \left(\frac{3}{4}\right)^2 \cdot \frac{1}{4} + \left(\frac{3}{4}\right)^4 \cdot \frac{1}{4} + \ldots = \frac{1}{4} \cdot \left(1 + \left(\frac{3}{4}\right)^2 + \left(\frac{3}{4}\right)^4 + \ldots\right)$

$P(F) = \frac{3}{4} \cdot \frac{1}{4} + \left(\frac{3}{4}\right)^3 \cdot \frac{1}{4} + \left(\frac{3}{4}\right)^5 \cdot \frac{1}{4} + \ldots = \frac{3}{4} \cdot \frac{1}{4} \cdot \left(1 + \left(\frac{3}{4}\right)^2 + \left(\frac{3}{4}\right)^4 + \ldots\right) = \frac{3}{4} \cdot P(E)$

$P(E) + \frac{3}{4} \cdot P(E) = 1$, also $\frac{7}{4} \cdot P(E) = 1$, also $P(E) = \frac{4}{7}$, $P(F) = \frac{3}{7}$

analog:

Hexaeder	$P(E) = \frac{6}{11}$	$P(F) = \frac{5}{11}$	Dodekaeder	$P(E) = \frac{12}{23}$	$P(F) = \frac{11}{23}$
Oktaeder	$P(E) = \frac{8}{15}$	$P(F) = \frac{7}{15}$	Ikosaeder	$P(E) = \frac{20}{39}$	$P(F) = \frac{19}{39}$

16.

Tetraeder	$P(E_3) = \frac{3}{4} \cdot \frac{2}{4} = \frac{6}{16}$	$P(\overline{E_3}) = \frac{10}{16} = 0{,}625$
Hexaeder	$P(E_4) = \frac{5}{6} \cdot \frac{4}{6} \cdot \frac{3}{6} = \frac{60}{216}$	$P(\overline{E_4}) \approx 0{,}722$
Oktaeder	$P(E_4) = \frac{7}{8} \cdot \frac{6}{8} \cdot \frac{5}{8} = \frac{210}{512}$	$P(\overline{E_4}) \approx 0{,}590$
Dodekaeder	$P(E_5) = \frac{11}{12} \cdot \frac{10}{12} \cdot \frac{9}{12} \cdot \frac{8}{12} = \frac{7\,920}{20\,736}$	$P(\overline{E_5}) \approx 0{,}618$
Ikosaeder	$P(E_6) = \frac{19}{20} \cdot \frac{18}{20} \cdot \frac{17}{20} \cdot \frac{16}{20} \cdot \frac{15}{20} = \frac{1\,395\,360}{3\,200\,000}$	$P(\overline{E_6}) \approx 0{,}564$

17. $1 - \dfrac{364 \cdot 363 \cdot 362 \cdot \ldots \cdot 343}{365^{22}} \approx 0{,}5073$

2. Vertiefung der Grundlagen

2.1 Baumdiagramme und Vierfeldertafeln

29 1. a) Druckfehler im Lehrbuch: **34,3** Mio. männliche Deutsche (statt 43,3 Mio.).

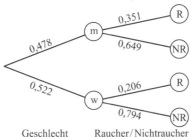

b)

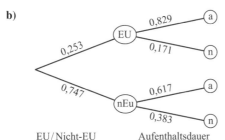

a: leben länger als 4 Jahre in Deutschland
n: leben höchstens 4 Jahre in Deutschland

2. a) z. B. 85,2 % der Neugeborenen des Jahres sind ehelich; von diesen wurden 93 % in Westdeutschland geboren. 28 % der nichtehelich geborenen Kinder wachsen in Ostdeutschland auf.
   b) z. B. In 27,5 % der nichtehelichen Lebensgemeinschaften leben auch Kinder (mindestens 1 Kind). Während 45,7 % dieser Lebensgemeinschaften in Ostdeutschland wohnen, beträgt der ostdeutsche Anteil unter den Lebensgemeinschaften ohne Kind(er) nur 14,0 %.

30 3. Druckfehler im Lehrbuch:
Staatsangehörigkeit der Mutter: **deutsch** statt *ja*, **ausländisch** statt *nein*.

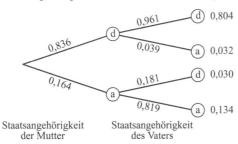

30 4. Druckfehler im Lehrbuch: **111 624** statt *91 397*.
Ergänzte Vierfeldertafel:

276 721	291 818	568 539
38 409	73 215	111 624
315 130	365 033	680 163

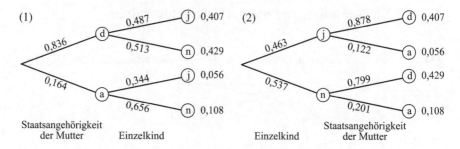

5.

		Ostdeutschland	Westdeutschland	ges.	(Angaben in Mio.)
Einpersonenhaushalt	ja	2,04	10,71	12,75	
	nein	4,75	19,20	23,95	
	ges.	6,79	29,91	36,70	

31 Druckfehler im Lehrbuch: Pfadwahrscheinlichkeiten im Baumdiagramm vertauscht:
P(XJ) = 0,304; P(XA) = 0,281   bzw.   P(JX) = 0,304; P(AX) = 0,281

33 6. Wahrscheinlichkeit, dass eine Person, die zufällig ...
(1) ... unter den Wählern der CDU/CSU ausgewählt wurde, höchstens 45 Jahre alt ist (35,0 %).
(2) ... unter den Wählern einer anderen Partei ausgewählt wurde, höchstens 45 Jahre alt ist (52 %).
(3) ... unter den Wählern bis 45 Jahren ausgewählt wurde, CDU/CSU gewählt hat (32,3 %).
(4) ... unter den Wählern bis 45 Jahren ausgewählt wurde, eine andere Partei gewählt hat (67,7 %).
(5) ... unter den Wählern der CDU/CSU ausgewählt wurde, über 45 Jahre alt ist (65,0 %).
(6) Druckfehler im Lehrbuch: $P_{F_2}(E_1)$

... unter den Wählern über 45 Jahren ausgewählt wurde, CDU/CSU gewählt hat (49,0 %)

7.
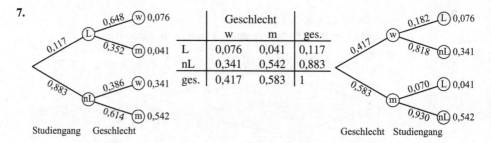

18,2 % aller Studentinnen geben als Berufsziel den Lehrerberuf an; dagegen wollen nur 7 % der Studenten diesen Beruf ausüben. Der Frauen-Anteil unter allen Studierenden ist 41,7 %.

33 8.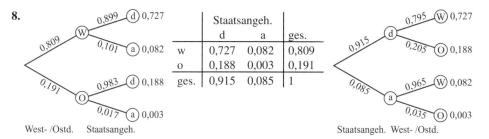

Staatsangeh.	d	a	ges.
w	0,727	0,082	0,809
o	0,188	0,003	0,191
ges.	0,915	0,085	1

West-/Ostd.   Staatsangeh.   Staatsangeh.   West-/Ostd.

8,5 % der Gesamtbevölkerung Deutschlands besitzt eine ausländische Staatsangehörigkeit; von diesen leben 96,5 % in Westdeutschland. Dagegen wohnen 79,5 % der Personen mit deutscher Staatsangehörigkeit im Westen, 20,5 % im Osten.

9.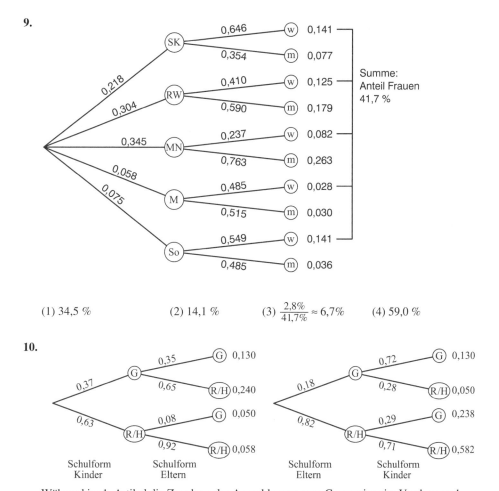

(1) 34,5 %   (2) 14,1 %   (3) $\frac{2,8\%}{41,7\%} \approx 6,7\%$ (4) 59,0 %

10.

Schulform Kinder   Schulform Eltern   Schulform Eltern   Schulform Kinder

Während im 1. Artikel die Zunahme der Anmeldungen zum Gymnasium im Vordergrund steht (65 % der Eltern heutiger Gymnasiasten haben selbst diese Schulform nicht besucht), wird im 2. Artikel die Konstanz des Verhaltens betont (70 % behalten bei, 30 % ändern die Schulform).

11. Ergänzte Vierfeldertafel
(absolute Häufigkeiten):

	nT	T	ges.
H	15 277	12 337	27 614
E	86 379	148 463	234 842
ges.	101 656	160 800	262 456

Vierfeldertafel mit relativen Häufigkeiten:

	nT	T	ges.
H	0,058	0,047	0,105
E	0,329	0,566	0,895
ges.	0,387	0,613	1

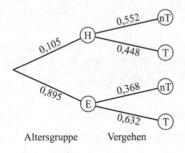

10,5 % der Verurteilten wegen eines Vergehens im Straßenverkehr sind Heranwachsende. Während in dieser Altersgruppe in 44,8 % der Fälle Alkohol eine Rolle spielte, wurden sogar 63,2 % der Erwachsenen wegen Trunkenheit am Steuer verurteilt.

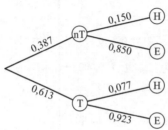

61,3 % der Verurteilten wegen Vergehen im Straßenverkehr waren alkoholisiert; davon waren nur 7,7 % Heranwachsende. Diese Altersgruppe war in 15 % der Verkehrsdelikte ohne Alkoholkonsum beteiligt.

12. a)

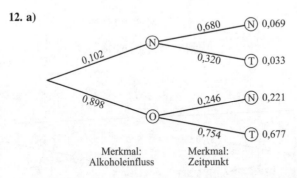

		Merkmal: Alkoholeinfluss		Summe
		mit	ohne	
Merkmal: Zeitpunkt	nachts	0,069	0,221	0,290
	tags	0,033	0,677	0,710
Summe		0,102	0,898	1,000

34 b)

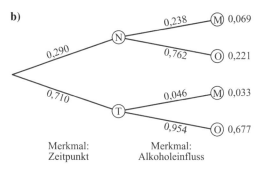

Merkmal: Zeitpunkt   Merkmal: Alkoholeinfluss

29 % aller Verkehrsunfälle mit Personenschaden ereignen sich zwischen 18 Uhr abends und 4 Uhr morgens, davon 23,8 % unter Alkoholeinfluss. Bei den Unfällen, die sich in der übrigen Zeit ereignen, spielt Alkohol nur in 4,6 % der Fälle eine Rolle.

c) (1) $P_T(M) = 0{,}046$
(2) $P_O(T) = 0{,}754$

13.

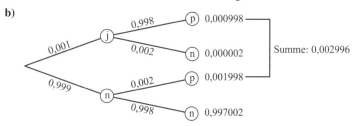

Vorliegen der Infektion   Testergebnis

Anteil positiver Testergebnisse: 0,003996

a) $P_{pos.Testerg.}$ (Infektion liegt vor) $= \dfrac{0{,}000999}{0{,}003996} = 0{,}25 = p_1$

$P_{neg.Testerg.}$ (Infektion liegt vor) $= \dfrac{0{,}000001}{0{,}996004} \approx 0{,}000001 = p_2$

Da der Anteil der Nicht-Infizierten mit (vermutlich) positivem Testergebnis größer ist als der Infizierten mit positivem Testergebnis kommt das Rechenergebnis zustande. Die Begründung für dieses Verhältnis der Anteile liegt in der vergleichsweise geringen Zahl der Infizierten in der Gesamtbevölkerung.

b)

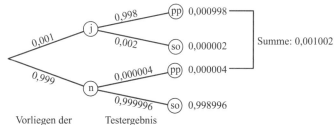

Summe: 0,002996

$p_1 = \dfrac{0{,}000988}{0{,}010978} \approx 0{,}090; \quad p_2 = \dfrac{0{,}000002}{0{,}989012} \approx 0{,}000002$

c)

Summe: 0,001002

Vorliegen der Infektion   Testergebnis Doppeltest

$p_1 = \dfrac{0{,}000998}{0{,}001007} \approx 0{,}991$

2.2. Kombinatorische Probleme

36

1. $2 \cdot 4 \cdot 4 \cdot 3 \cdot 4 \cdot 4 \cdot 16 = 24\,576$

2. 3 faches Würfeln: $\quad 6^3 = 216 \quad\quad$ Wahrscheinlichkeit $\quad \frac{1}{216}$
   4 faches Würfeln: $\quad 6^4 = 1\,296 \quad\quad$ Wahrscheinlichkeit $\quad \frac{1}{1296}$

3. a) $3^{11} = 177\,147$ $\quad\quad\quad\quad$ b) $2^{11} = 2\,048$

4. a) $9 \cdot 10^5 = 900\,000$ (1. Ziffer darf nicht null sein) $\quad\quad$ b) $4 \cdot 5^5 = 12\,500$

5. $3^6 = 729$

6. $7^4 = 2\,401$

7. $6 \cdot 5 \cdot 4 \cdot 3 = 360$ verschiedene Ergebnisse; Wahrscheinlichkeit $\frac{360}{6^4} = \frac{10}{36} \approx 0{,}28$

8. Anzahl der Möglichkeiten $5 \cdot 4 \cdot 3 \cdot 2 \cdot 1 = 120$; Wahrscheinlichkeit $\frac{1}{120}$

9. $8 \cdot 7 \cdot 6 \cdot 5 \cdot 4 = 6\,720$

10. a) $10 \cdot 9 \cdot 8 \cdot \ldots \cdot 3 \cdot 2 \cdot 1 = 3\,628\,800$
    b) $\frac{3\,628\,800}{2} = 1\,814\,400$, denn zu jeder Strecke gehört eine Umkehrstrecke.

11. a) $20 \cdot 19 \cdot 18 \cdot \ldots \cdot 6 \cdot 5$
    b) $20 \cdot 19 \cdot 18 \cdot \ldots \cdot 3 \cdot 2 \cdot 1$
    c) $30 \cdot 29 \cdot 28 \cdot \ldots \cdot 12 \cdot 11$ (10 Fahrzeuge finden keinen Platz.)

12. $8 \cdot 7 \cdot 6 \cdot 5 \cdot 4 \cdot 3 \cdot 2 \cdot 1$

13. 1, 2, 6, 24, 120, 720, 5 040, 40 320, 362 880, 3 628 800, 39 916 800, 479 001 600

38

14.
```
                    1    5   10  10    5    1                        5. Zeile
               1    6   15   20  15    6    1                        6. Zeile
           1   7   21   35   35  21    7    1                        7. Zeile
       1   8   28   56   70   56  28    8    1                       8. Zeile
   1   9   36   84  126  126   84  36    9    1                      9. Zeile
1 10   45  120  210  252  210  120  45   10    1                    10. Zeile
```

15. a) $x^5 + 5x^4 + 10x^3 + 10x^2 + 5x + 1$ $\quad\quad$ d) $x^4 - 4x^3 + 6x^2 - 4x + 1$
    b) $x^5 - 5x^4 + 10x^3 - 10x^2 + 5x - 1$ $\quad\quad$ e) $a^3 - 3a^2b + 3ab^2 - b^3$
    c) $x^7 + 7x^6 + 21x^5 + 35x^4 + 35x^3 + 21x^2 + 7x + 1$ $\quad\quad$ f) $a^4 - 4a^3b + 6a^2b^2 - 4ab^3 + b^4$

16. Es gibt $\binom{n}{2}$ Möglichkeiten der Auswahl von 2 Punkten, die durch eine Strecke verbunden werden. Von dieser Zahl müssen noch die n Strecken abgezogen werden, die die Seiten des n-Ecks darstellen. Die Anzahl der Diagonalen ist daher:

$$\binom{n}{2} - n = \frac{n(n-1)}{2} - n = \frac{n^2-n}{2} - \frac{2n}{2} = \frac{n^2-3n}{2} = \frac{n(n-3)}{2}$$

Für diesen Term gibt es folgende direkte Erklärung:
Von jeder Ecke gehen n – 3 Diagonalen aus (**nicht** zum Punkt selbst, nicht zu den beiden Nachbarpunkten). Insgesamt gibt es daher $\frac{1}{2} \cdot n \cdot (n-3)$ Diagonalen. (Diagonalen dürfen nicht doppelt gezählt werden.)

n	5	6	7	10	20
$\frac{1}{2}n(n-3)$	5	9	14	35	170

17. $\dfrac{\binom{15}{3}\binom{10}{2}\binom{5}{1}}{\binom{30}{6}} \approx 0{,}172$

18. (1) $\binom{8}{5}\binom{7}{5}\binom{9}{5}\binom{6}{5} = 889\,056$ \qquad (2) $\binom{30}{20} = 30\,045\,015$

19. a) $\binom{100}{20} \approx 5 \cdot 10^{20}$ \qquad **b)** $\binom{25}{5}^4 \approx 8 \cdot 10^{18}$ \qquad **c)** $\binom{60}{12} \cdot \binom{40}{8} \approx 10^{20}$

20. a) $\binom{10}{2}\binom{8}{2}\binom{6}{2}\binom{4}{2}\binom{2}{2} = \dfrac{10!}{2!\,8!} \dfrac{8!}{2!\,6!} \dfrac{6!}{2!\,4!} \dfrac{4!}{2!\,2!} \dfrac{2!}{2!\,0!} = \dfrac{10!}{(2!)^5} = 113\,400$

b) $\binom{10}{3}\binom{7}{5}\binom{2}{2} = \dfrac{10!}{3!\,7!} \dfrac{7!}{5!\,2!} \dfrac{2!}{2!\,0!} = \dfrac{10!}{3!\,5!\,2!} = 2\,520$

c) $\binom{10}{5}\binom{5}{2}\binom{3}{3} = \dfrac{10!}{5!\,5!} \dfrac{5!}{3!\,2!} \dfrac{3!}{3!\,0!} = \dfrac{10!}{3!\,5!\,2!} = 2\,520$

d) $5 \cdot 4 \cdot \binom{10}{6}\binom{4}{4} = 4\,200$

21. a) $\dfrac{2\binom{11}{10}}{3^{11}} = \dfrac{22}{177\,147} \approx 1{,}24 \cdot 10^{-4}$ \qquad **b)** $\dfrac{2^2\binom{11}{9}}{3^{11}} = \dfrac{220}{177\,147} \approx 1{,}24 \cdot 10^{-3}$

22. a) $\binom{32}{10} = 64\,512\,240$

b) $\binom{32}{10}\binom{22}{10}\binom{12}{10}\binom{2}{2} = \binom{32}{2}\binom{30}{20}\binom{20}{10}\binom{10}{10} = \dfrac{32!}{(10!)^3\,2!} \approx 2{,}75 \cdot 10^{15}$

40 23. a) (1) $\dfrac{\binom{28}{8}\binom{4}{2}}{\binom{32}{10}} \approx 0{,}2891$ (2) $\dfrac{\binom{28}{7}\binom{4}{3}}{\binom{32}{10}} \approx 0{,}0734$ (3) $\dfrac{\binom{28}{6}\binom{4}{4}}{\binom{32}{10}} \approx 0{,}0058$

b) (1) $\dfrac{\binom{28}{2}\binom{4}{0}}{\binom{32}{2}} \approx 0{,}7621$ (2) $\dfrac{\binom{28}{1}\binom{4}{1}}{\binom{32}{2}} \approx 0{,}2258$

24. (1) $\binom{35}{7} = 6\,724\,520 = N_1$ (3) $\binom{42}{6} = 5\,245\,786 = N_3$

(2) $\binom{35}{5} = 324\,632 = N_2$ (4) $\binom{41}{6} = 4\,496\,388 = N_4$

Land	1. Rang	2. Rang	3. Rang
Schweden	$1/N_1$	$\binom{7}{6}\binom{28}{1} / N_1 = 196 / N_1$	$\binom{7}{5}\binom{28}{2} / N_1 = 7\,938 / N_1 \approx 0{,}0012$
Polen	$1/N_2$	$\binom{5}{4}\binom{30}{1} / N_2 = 150 / N_2$	$\binom{5}{3}\binom{30}{2} / N_2 = 4\,350 / N_2 \approx 0{,}0134$
Schweiz	$1/N_3$	$\binom{6}{5}\binom{36}{1} / N_3 = 216 / N_3$	$\binom{6}{4}\binom{36}{2} / N_3 = 9\,450 / N_3 \approx 0{,}0018$
Niederlande	$1/N_4$	$\binom{6}{5}\binom{35}{1} / N_4 = 210 / N_4$	$\binom{6}{4}\binom{35}{2} / N_4 = 8\,925 / N_4 \approx 0{,}0020$

25. $\binom{39}{5} = 575\,757$ Möglichkeiten

1. Rang: $\dfrac{1}{575\,757}$ 2. Rang: $\dfrac{\binom{5}{4}\binom{34}{1}}{\binom{39}{5}} = \dfrac{170}{575\,757} \approx \dfrac{1}{3\,387}$ 3. Rang: $\dfrac{\binom{5}{3}\binom{34}{2}}{\binom{39}{5}} = \dfrac{5\,610}{575\,757} \approx \dfrac{1}{103}$

Bonusspiel: $\dfrac{\binom{5}{2}\binom{34}{3}}{\binom{39}{5}} = \dfrac{59\,840}{575\,757} \approx \dfrac{1}{9{,}6}$ Summe: $\dfrac{65\,621}{575\,757} \approx \dfrac{1}{8{,}8}$

2.3 Zufallsgrößen und deren Verteilungen

43 1. a)

k	P(X = k)	P(X ≤ k)
2	1/16	1/16
3	2/16	3/16
4	3/16	6/16
5	4/16	10/16
6	3/16	13/16
7	2/16	15/16
8	1/16	16/16

b) (1) $P(X \leq 6) = \dfrac{13}{16}$

(2) $P(X < 5) = \dfrac{6}{16}$

(3) $P(X > 4) = 1 - P(X \leq 4) = 1 - \dfrac{6}{16} = \dfrac{10}{16}$

(4) $P(X \geq 6) = 1 - P(X \leq 5) = 1 - \dfrac{10}{16} = \dfrac{6}{16}$

(5) $P(3 < X < 7) = P(X \leq 6) - P(X \leq 3) = \dfrac{10}{16}$

(6) $P(4 \leq X \leq 7) = P(X \leq 7) - P(X \leq 3) = \dfrac{12}{16}$

43 2.

a)
k	P(X = k)
2	1/64
3	2/64
4	3/64
5	4/64
6	5/64
7	6/64
8	7/64
9	8/64
10	7/64
11	6/64
12	5/64
13	4/64
14	3/64
15	2/64
16	1/64

b)
k	P(X = k)
2	1/144
3	2/144
.	.
.	.
.	.
12	11/144
13	12/144
14	11/144
.	.
.	.
.	.
23	2/144
24	1/144

c)
k	P(X = k)
2	1/400
3	2/400
.	.
.	.
.	.
20	19/400
21	20/400
22	19/400
.	.
.	.
.	.
39	2/400
40	1/400

(Alle Histogramme haben eine „Dreiecks"-Form, wie das des doppelten Hexaederwurfs.)

d)
k	P(X = k)
2	1/24
3	2/24
4	3/24
5	4/24
6	4/24
7	4/24
8	3/24
9	2/24
10	1/24

e)
k	P(X = k)
3	1/64
4	3/64
5	6/64
6	10/64
7	12/64
8	12/64
9	10/64
10	6/64
11	3/64
12	1/64

(Trapezform)

44 3. a)

	2 Hexaeder	Tetraeder und Oktaeder
k	$P(X_1 = k)$	$P(X_2 = k)$
2	1/36 = 8/288	1/32 = 9/288
3	2/36 = 16/288	2/32 = 18/288
4	3/36 = 24/288	3/32 = 27/288
5	4/36 = 32/288	4/32 = 36/288
6	5/36 = 40/288	4/32 = 36/288
7	6/36 = 48/288	4/32 = 36/288
8	5/36 = 40/288	4/32 = 36/288
9	.	.
10	.	.
11	.	.
12	.	.

b) (1) $P(X_1 = 4) = \frac{24}{288} < \frac{27}{288} = P(X_2 = 4)$

(2) $P(X_1 = 7) = \frac{48}{288} > \frac{36}{288} = P(X_2 = 7)$

44 3. b) (3) $P(X_1 < 7) = \frac{120}{288} < \frac{126}{288} = P(X_2 < 7)$

   (4) $P(X_1 \text{ gerade}) = \frac{1}{2} = P(X_2 \text{ gerade})$

c)

k	2 Oktaeder $P(X_1 = k)$	Tetraeder und Dodekaeder $P(X_2 = k)$
2	1/64 = 6/384	1/48 = 8/384
3	2/64 = 12/384	2/48 = 16/384
4	3/64 = 18/384	3/48 = 24/384
5	4/64 = 24/384	4/48 = 32/384
6	5/64 = 30/384	4/48 = 32/384
7	6/64 = 36/384	4/48 = 32/384
8	7/64 = 42/384	4/48 = 32/384
9	8/64 = 48/384	4/48 = 32/384
10	7/64 = 56/384	4/48 = 32/384
11	.	.
.	.	.

4. a)

k	P(X=k)
3	$\frac{1}{216}$
4	$\frac{3}{216}$
5	$\frac{6}{216}$
6	$\frac{10}{216}$
7	$\frac{15}{216}$
8	$\frac{21}{216}$
9	$\frac{25}{216}$
10	$\frac{27}{216}$
11	$\frac{27}{216}$
12	$\frac{25}{216}$
13	$\frac{21}{216}$
14	$\frac{15}{216}$
15	$\frac{10}{216}$
16	$\frac{6}{216}$
17	$\frac{3}{216}$
18	$\frac{1}{216}$

b)

k	P(X=k)
1	$\frac{1}{36}$
2	$\frac{3}{36}$
3	$\frac{5}{36}$
4	$\frac{7}{36}$
5	$\frac{9}{36}$
6	$\frac{11}{36}$

c)

k	P(X=k)
1	$\frac{11}{36}$
2	$\frac{9}{36}$
3	$\frac{7}{36}$
4	$\frac{5}{36}$
5	$\frac{3}{36}$
6	$\frac{1}{36}$

d)

k	(P(X=k)
1	$\frac{1}{216}$
2	$\frac{7}{216}$
3	$\frac{19}{216}$
4	$\frac{37}{216}$
5	$\frac{61}{216}$
6	$\frac{91}{216}$

e)

k	P(X=k)
0	$\frac{6}{36}$
1	$\frac{10}{36}$
2	$\frac{8}{36}$
3	$\frac{6}{36}$
4	$\frac{4}{36}$
5	$\frac{2}{36}$

f)

k	P(X=k)
1	$\frac{1}{36}$
2	$\frac{2}{36}$
3	$\frac{2}{36}$
4	$\frac{3}{36}$
5	$\frac{2}{36}$
6	$\frac{4}{36}$
8	$\frac{2}{36}$
9	$\frac{1}{36}$
10	$\frac{2}{36}$
12	$\frac{4}{36}$
15	$\frac{2}{36}$
16	$\frac{1}{36}$
18	$\frac{2}{36}$
20	$\frac{2}{36}$
24	$\frac{2}{36}$
25	$\frac{1}{36}$
30	$\frac{2}{36}$
36	$\frac{1}{36}$

44

5. a)

k	P(X = k)
1	$\frac{1}{30}$
2	$\frac{10}{30}$
3	$\frac{3}{30}$
4	$\frac{9}{30}$
5	$\frac{1}{30}$
6	$\frac{4}{30}$
8	$\frac{2}{30}$

b)

k	P(X = k)
0	$\frac{1}{30}$
1	$\frac{16}{30}$
2	$\frac{12}{30}$
3	$\frac{1}{30}$

6. a)

k	P(X = k)	k	P(K = k)
1	$\frac{1}{90}$	10	$\frac{9}{90}$
2	$\frac{2}{90}$	11	$\frac{8}{90}$
3	$\frac{3}{90}$	12	$\frac{7}{90}$
4	$\frac{4}{90}$	13	$\frac{6}{90}$
5	$\frac{5}{90}$	14	$\frac{5}{90}$
6	$\frac{6}{90}$	15	$\frac{4}{90}$
7	$\frac{7}{90}$	16	$\frac{3}{90}$
8	$\frac{8}{90}$	17	$\frac{2}{90}$
9	$\frac{9}{90}$	18	$\frac{1}{90}$

b) (1) $P(X = \text{gerade}) = \frac{1}{2} = P(X = \text{ungerade})$

(2) $P(X > 9) = \frac{1}{2} = P(X < 10)$

(3) $P(6 < X < 13) = \frac{48}{90}$

$> P(X < 7 \vee 12 < X) = \frac{42}{90}$

7.

a	P(X = a)
−1	$\frac{15}{36}$
0	$\frac{6}{36}$
1	$\frac{15}{36}$

8.

k	P(X = k)
3	2/8 = 1/4
4	6/16 = 3/8
5	12/32 = 3/8

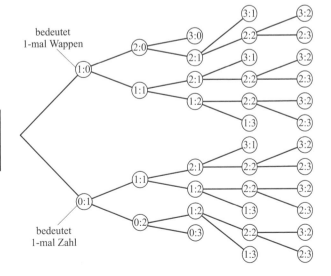

45 9. a)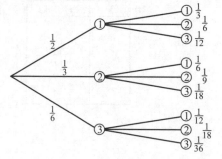

k	P(X = k)	
2	1/4	= 9/36
3	2/6 = 1/3	= 12/36
4	2/12 + 1/9 = 5/18	= 10/36
5	2/18	= 4/36
6	1/36	= 1/36

3-faches Drehen:

k	P(X = k)	
3	1/8	= 27/216
4	3/12	= 54/216
5	3/24 + 3/18	= 63/216
6	6/36 + 1/27	= 44/216
7	3/72 + 3/54	= 21/216
8	3/108	= 6/216
9	1/216	= 1/216

b)

k	zugeh. Ergebnisse	P(X = k)	k · P(X = k)
2	33	1/36	1/18
3	123*, 222, 223*, 233, 323, 313, 133	11/36	11/12
4	1 113*, 1 122*, 1 123, 1 132, 1 133, 1 222, 1 223, 1 213, 1 312, 1 313, 2 113, 2 122, 2 123, 2 212, 2 213, 3 112, 3 113	7/16	7/4
5	11 112*, 11 113, 21 112, 12 112, 12 113, 21 113, 11 212, 11 213, 11 122, 11 123	19/96	95/96
6	11 111, 111 112, 111 113	1/32	3/16

*mit Vertauschungen der Reihenfolge   E(X) ≈ 3,9

Baumdiagramm zu 9. b)

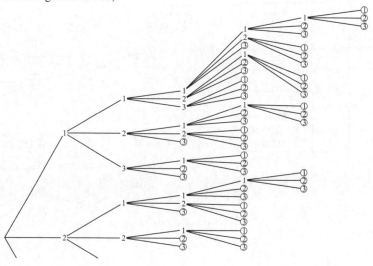

10. a)

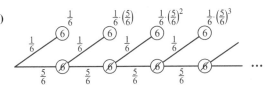

b)

k	P(X = k)	P(X ≤ k)	
1	1/6	1/6	= 1 − 5/6
2	5/36	11/36	= 1 − 25/36
3	25/216	91/216	= 1 − 125/216 usw.

k	P(X = k)	P(X ≤ k)	1 − (5/6)^k
1	0,1666667	0,1666667	0,1666667
2	0,1388889	0,3055556	0,3055556
3	0,1157407	0,4212963	0,4212963
4	0,0964506	0,5177469	0,5177469
5	0,0803755	0,5981224	0,5981224
6	0,0669796	0,6651020	0,6651020
7	0,0558163	0,7209184	0,7209184
8	0,0465136	0,7674320	0,7674320
9	0,0387613	0,8061933	0,8061933
10	0,0323011	0,8384944	0,8384944
11	0,0269176	0,8654120	0,8654120
12	0,0224313	0,8878433	0,8878433
13	0,0186928	0,9065361	0,9065361
14	0,0155773	0,9221134	0,9221134
15	0,0129811	0,9350945	0,9350945

c) Nach k Stufen ist entweder ein Erfolg eingetreten mit Wahrscheinlichkeit
P(X = 1) + P(X = 2) + P(X = 3) + ... + P(X = k)
$= \frac{1}{6} + \frac{1}{6} \cdot \frac{5}{6} + \frac{1}{6} \cdot \left(\frac{5}{6}\right)^2 + ... + \frac{1}{6} \cdot \left(\frac{5}{6}\right)^{k-1} = P(X \leq k)$
oder nicht, letzteres mit Wahrscheinlichkeit $\left(\frac{5}{6}\right)^k$; vgl. unteren Pfad in a).
Also $P(X \leq k) + \left(\frac{5}{6}\right)^k = 1$ oder $P(X \leq k) = 1 - \left(\frac{5}{6}\right)^k$
$1 - \left(\frac{5}{6}\right)^k \geq 0,9 \Leftrightarrow k \geq 13$ (vgl. Tabelle zu b))

11. Von den 49 Zahlen sind 24 gerade und 25 ungerade.

k	P(X = k)	
0	177 100 / N	≈ 0,013
1	1 275 120 / N	≈ 0,091
2	3 491 400 / N	≈ 0,250
3	4 655 200 / N	≈ 0,333
4	3 187 800 / N	≈ 0,228
5	1 062 600 / N	≈ 0,076
6	134 596 / N	≈ 0,010

N = 13 983 816

45 12. Wenn 3 Zahlen gezogen werden und k die größte ist, dann müssen die beiden anderen kleiner sein, also können höchstens gleich k − 1 sein; diese beiden anderen müssen also aus der Menge {1; 2; ...; k − 1} ausgewählt werden.
Zur Information:

k	3	4	5	6	7	8	9	10
P(X = k)	$\frac{1}{120}$	$\frac{3}{120}$	$\frac{6}{120}$	$\frac{10}{120}$	$\frac{15}{120}$	$\frac{21}{120}$	$\frac{28}{120}$	$\frac{36}{120}$

13. a) Die 5 übrigen Zahlen müssen aus der Menge {2; 3; 4; ...; 49}, also aus 48 Zahlen ausgewählt werden.
    b) Die 5 übrigen Zahlen müssen aus der Menge {k + 1; k + 2; k + 3; ...; 49}, also aus 49 − k Zahlen ausgewählt werden.
    c) X: Minimum der Glückszahlen
    d) Druckfehler im Lehrbuch: Die Formel lautet ... = P_1.

    Wenn die Zahl k als größte gezogen wird, müssen die übrigen 5 Zahlen aus der Menge {1; 2; 3; ...; k − 1} ausgewählt werden, d.h. die Wahrscheinlichkeit ist $\dfrac{\binom{k-1}{5}}{\binom{49}{6}}$, dabei durchläuft k die Zahlen 6, 7, ..., 49.

    Im Term $\dfrac{\binom{49-k}{5}}{\binom{49}{6}}$ durchläuft k die Zahlen 1, 2, ..., 44 (vgl. b), c)).

    Im Zähler stehen also die gleichen Zahlen nur in umgekehrter Reihenfolge.

2.4 Erwartungswert einer Zufallsgröße

48 1. a) Vgl. Beispiel 2, S. 46; Herleitung gemäß Definition (S. 47 unten):
$E(X) = \frac{1}{6} \cdot 1 + \frac{1}{6} \cdot 2 + \ldots + \frac{1}{6} \cdot 6 = \frac{1}{6} \cdot (1 + 2 + \ldots + 6) = \frac{1}{6} \cdot 21 = 3{,}5$
Beim 2-fachen Werfen des Hexaeders verdoppelt sich dieser Wert: $E(Y) = 2 \cdot 3{,}5 = 7$

b) Tetraeder $E(X) = \frac{1}{4} \cdot (1 + 2 + 3 + 4) = 2{,}5$ bzw. $E(Y) = 2 \cdot 2{,}5 = 5$ (3·2,5 = 7,5)

Oktaeder $E(X) = \frac{1}{8} \cdot (1 + 2 + \ldots + 8) = \frac{1}{8} \cdot 36 = 4{,}5$

Dodekaeder $E(X) = \frac{1}{12} \cdot (1 + 2 + \ldots + 12) = \frac{1}{12} \cdot 78 = 6{,}5$

Ikosaeder $E(X) = \frac{1}{20} \cdot (1 + 2 + \ldots + 20) = \frac{1}{20} \cdot 210 = 10{,}5$

48 2. a)

a	P(X = a)	a · P(X = a)
0	$\frac{1}{8}$	0
1	$\frac{3}{8}$	$\frac{3}{8}$
2	$\frac{3}{8}$	$\frac{6}{8}$
3	$\frac{1}{8}$	$\frac{3}{8}$
		$E(X) = \frac{12}{8} = 1{,}5$

b) Da B im Mittel 1,50 DM Gewinn pro Spiel hat, muss der Einsatz 1,50 DM betragen, damit das Spiel fair ist.

a	P(Y = a)	a · P(Y = a)
−1,50	$\frac{1}{8}$	−0,1875
−0,50	$\frac{3}{8}$	−0,1875
+0,50	$\frac{3}{8}$	+0,1875
+1,50	$\frac{1}{8}$	+0,1875
		$E(Y) = 0$

3. a) X: Betrag in DM, den B an A zahlt.

a	P(X = a)	a · P(X = a)
1	20/36	20/36
−1	16/36	−16/36
		$E(X) = 4/36 = 1/9$

Die Spielregel ist nicht fair; A gewinnt im Mittel $\frac{1}{9}$ DM ≈ 0,11 DM pro Spiel.

b)

a	P(X = a)	a · P(X = a)
1	152/216	152/216
−1	64/216	−64/216
		$E(X) = 88/216 = \frac{11}{27} \approx 0{,}41$ DM

Die Spielregel wird noch unfairer.

4. a) X: Anzahl der Ziehungen bis ein brauchbares Lämpchen gezogen wird.

k	P(X = k)	k · P(X = k)
1	$\frac{1}{2} = 0{,}5$	0,5
2	$\frac{1}{2} \cdot \frac{3}{5} = \frac{3}{10} = 0{,}3$	0,6
3	$\frac{1}{2} \cdot \frac{2}{5} \cdot \frac{3}{4} = \frac{3}{20} = 0{,}15$	0,45
4	$\frac{1}{2} \cdot \frac{2}{5} \cdot \frac{1}{4} = \frac{1}{20} = 0{,}05$	0,2
		$E(X) = 1{,}75$

48

4. b)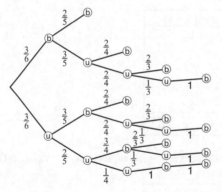

X: Anzahl der Ziehungen bis zwei brauchbare Lämpchen gezogen sind.

k	P(X = k)	k · P(X = k)
2	$\frac{1}{5}$ = 0,2	0,4
3	$2 \cdot \frac{3}{20}$ = 0,3	0,9
4	$3 \cdot \frac{1}{10}$ = 0,3	1,2
5	$4 \cdot \frac{1}{20}$ = 0,2	1,0
		E(X) = 3,5

5. X: Betrag in DM, den A an B zahlt.

k	P(X = k)	k · P(X = k)
1	$\frac{1}{2}$	$\frac{1}{2}$
2	$\frac{1}{4}$	$\frac{1}{2}$
3	$\frac{1}{8}$	$\frac{3}{8}$
4	$\frac{1}{16}$	$\frac{1}{4}$
5	$\frac{1}{32}$	$\frac{5}{32}$
7	$\frac{1}{32}$	$\frac{7}{32}$
		E(X) = 2

B muss 2 DM Einsatz zahlen.

6. a) X: Betrag, der ausgezahlt werden muss.　**b)** Die Lose müssen 1,70 DM kosten.

k	P(X = k)	k · P(X = k)
0	0,65	0
1	0,2	0,2
5	0,1	0,5
10	0,05	0,5
		E(X) = 1,2

Die Lose müssen 1,20 DM kosten.

7. a) Verteilung für die Glücksräder:

Glücksrad 1

a	P(X = a)	a · P(X = a)
0	0,3	0
1	0,4	0,4
2	0,2	0,4
4	0,1	0,4
		E(X) = 1,2

Glücksrad 2

a	P(X = a)	a · P(X = a)
0	4/16	0
1	3/16	3/16
2	3/16	6/16
3	3/16	9/16
4	1/16	4/16
5	2/16	10/16
		E(X) = 32/16 = 2

Nimmt man 1,20 DM bzw. 2 DM als Einsatz, dann geben die Zahlen die Auszahlungsbeträge in DM in einem fairen Spiel an.

48 7. b) Von den 12 Sektoren tragen 4 die Aufschrift 0 (DM); der Einsatz soll 1 DM betragen, d. h. gesucht ist diejenige Verteilung, für die der Erwartungswert 1 ist.

a	P(X = a)	a · P(X = a)
0	4/12	0
1	y/12	y/12
3	(8 – y)/12	3(8 – y)/12

$1 = E(X) = \frac{y}{12} + \frac{3}{12} \cdot (8-y) = \frac{y+24-3y}{12}$ oder $12 = 24 - 2y$, d. h. $y = 6$.

Wenn 6 Sektoren die Aufschrift „1" und 2 die Aufschrift „3" tragen, ergibt sich der Erwartungswert 1.
(Alternative Überlegung: Da der Betrag „3 DM" dreimal so groß ist wie der
Betrag „1 DM", muss die Anzahl der Felder mit der Aufschrifft 1 dreimal so groß sein wie die Anzahl der Felder mit Aufschrift 3.)

49 8.

k	P(X = k)	k · P(X = k)
0	0,00751	0
10	0,00234	0,023
20	0,00388	0,078
30	0,00783	0,235
40	0,01895	0,758
50	0,01647	0,824
55	0,02503	1,377
60	0,03941	2,365
65	0,06073	3,947
70	0,09654	6,758
75	0,14516	10,887
80	0,19727	15,782
85	0,19997	16,997
90	(<) 0,17891	(<) 16,102
95	...	...
		E(X) > 76,133

Hinweis: Wenn in der Sterbetafel eine Angabe für das Alter „95 Jahre" enthalten wäre, würde das Produkt 90 · P(X = 90) kleiner ausfallen als hier angegeben; jedoch wäre
90 · P(X = 90) + 95 · P(X = 95) größer als der angegebene Wert.

49 9. Druckfehler im Lehrbuch: Schätze wie in Übung 8 ...
Daten von 1901 – 1910:

männliche Personen:

k	P(X = k)	k · P(X = k)
0	0,27173	0
10	0,02180	0,218
20	0,03555	0,711
30	0,04494	1,348
40	0,07258	2,903
50	0,05154	2,577
55	0,06379	3,508
60	0,07728	4,637
65	0,08943	5,813
70	0,09550	6,685
75	0,08599	6,449
80	0,05775	4,620
85	0,02529	2,150
90	(<) 0,00683	(<) 0,615
		E(X) > 42,234

weibliche Personen:

k	P(X = k)	k · P(X = k)
0	0,24155	0
10	0,02281	0,228
20	0,03716	0,743
30	0,04565	1,370
40	0,05471	2,188
50	0,03828	1,914
55	0,05204	2,862
60	0,07240	4,344
65	0,09462	6,150
70	0,11072	7,750
75	0,10658	7,994
80	0,07596	6,077
85	0,03621	3,078
90	(<) 0,01131	(<) 1,018
		E(X) > 45,716

Daten von 1932 – 1934:

männliche Personen:

k	P(X = k)	k · P(X = k)
0	0,11207	0
10	0,01495	0,150
20	0,02583	0,517
30	0,03234	0,970
40	0,05159	2,064
50	0,04175	2,088
55	0,05854	3,220
60	0,08187	4,912
65	0,11047	7,181
70	0,13580	9,506
75	0,14357	10,768
80	0,11390	9,112
85	0,05766	4,901
90	(<) 0,01966	(<) 1,769
		E(X) > 57,158

weibliche Personen:

k	P(X = k)	k · P(X = k)
0	0,09247	0
10	0,01263	0,126
20	0,02351	0,470
30	0,03004	0,901
40	0,04515	1,806
50	0,03582	1,791
55	0,05054	2,780
60	0,07272	4,363
65	0,10528	6,843
70	0,14052	9,836
75	0,15632	11,724
80	0,13177	10,542
85	0,07455	6,337
90	(<) 0,02868	(<) 2,581
		E(X) > 60,100

10. X: Anzahl der Schadensmeldungen.

k	P(X = k)	k · P(X = k)
0	0,80	0
1	0,15	0,15
2	0,03	0,06
3	0,01	0,03
4	0,01	0,04
		E(X) = 0,28

49

11.

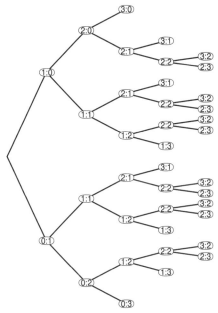

Die Wahrscheinlichkeit für den Gewinn eines Spiels betrage $\frac{1}{2}$ für beide Mannschaften.

X: Anzahl der Spiele bis zum Sieg einer Mannschaft.

3 Gewinnspiele:

k	P(X = k)	k · P(X = k)
3	$2 \cdot \frac{1}{8} = \frac{1}{4} = 0{,}25$	0,75
4	$6 \cdot \frac{1}{16} = \frac{3}{8} = 0{,}375$	1,5
5	$12 \cdot \frac{1}{32} = \frac{3}{8} = 0{,}375$	1,875
		E(X) = 4,125

2 Gewinnspiele:

k	P(X = k)	k · P(X = k)
2	$2 \cdot \frac{1}{4} = \frac{1}{2}$	1
3	$4 \cdot \frac{1}{8} = \frac{1}{2}$	1,5
		E(X) = 2,5

12. a)

Ergebnis	Wahrscheinlichkeit
5 : 2	$\frac{1}{4} = 0{,}25$
5 : 3	$\frac{1}{4} = 0{,}25$
5 : 4	$\frac{3}{16} = 0{,}1875$
4 : 5	$\frac{3}{16} = 0{,}1875$
3 : 5	$\frac{1}{8} = 0{,}125$

P(1. Mannschaft gewinnt) = $\frac{11}{16} = 0{,}6875$.

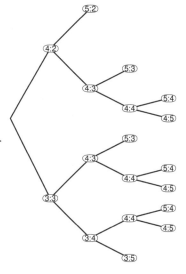

b)

k	P(X = k)	k · P(X = k)
2	$\frac{1}{4} = 0{,}25$	0,5
3	$\frac{3}{8} = 0{,}375$	1,125
4	$\frac{3}{8} = 0{,}375$	1,5
		E(X) = 3,125

c) Stand 4 : 2 / Aus dem Baumdiagramm aus a) ist zu entnehmen:

Ergebnis	Wahrscheinlichkeit
5 : 2	$\frac{1}{2}$
5 : 3	$\frac{1}{4}$
5 : 4	$\frac{1}{8}$
4 : 5	$\frac{1}{8}$

P(1. Mannschaft gewinnt) = $\frac{7}{8}$

49 12. c)

k	P(X = k)	k · P(X = k)
1	$\frac{1}{2}$	$\frac{1}{2}$
2	$\frac{1}{4}$	$\frac{1}{2}$
3	$\frac{1}{4}$	$\frac{3}{4}$
		E(X) = 1,75

Stand 3 : 1 / Teilweise neues Baumdiagramm notwendig:

Ergebnis	Wahrscheinlichkeit
5 : 1	$\frac{1}{4}$
5 : 2	$\frac{2}{8} = \frac{1}{4}$
5 : 3	$\frac{3}{16}$
5 : 4	$\frac{4}{32} = \frac{1}{8}$
4 : 5	$\frac{4}{32} = \frac{1}{8}$
3 : 5	$\frac{1}{16}$

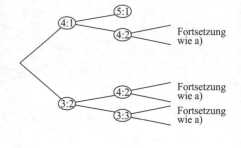

P(1. Mannschaft gewinnt) = $\frac{13}{16}$

k	P(X = k)	k · P(X = k)
2	$\frac{1}{4}$	$\frac{1}{2}$
3	$\frac{2}{8} = \frac{1}{4}$	$\frac{3}{4}$
4	$\frac{4}{16} = \frac{1}{4}$	1
5	$\frac{8}{32} = \frac{1}{4}$	$\frac{5}{4}$
		E(X) = 3,5

Stand 4 : 3 / Aus dem Baumdiagramm aus a) ist zu entnehmen:

Ergebnis	Wahrscheinlichkeit
5 : 3	$\frac{1}{2}$
5 : 4	$\frac{1}{4}$
4 : 5	$\frac{1}{4}$

P(1. Mannschaft gewinnt) = $\frac{3}{4}$

k	P(X = k)	k · P(X = k)
1	$\frac{1}{2}$	$\frac{1}{2}$
2	$\frac{1}{2}$	1
		E(X) = 1,5

49 13. a) X: Anzahl der Richtigen

k	P(X = k)	k · P(X = k)
0	6 096 454 / N.	0
1	5 775 588 / N.	5 775 588 / N.
2	1 851 150 / N.	3 702 300 / N.
3	246 820 / N.	740 460 / N.
4	13 545 / N.	54 180 / N.
5	258 / N.	1 290 / N.
6	1 / N.	6 / N.

X = 5: 5 Richtige mit oder ohne Z.
N. = 13 983 816

E(X) = 10 273 824 / N ≈ 0,735

b) X: Ausgezahlter Betrag (in DM)

a	P(X = a)	a · P(X = a)
1 575 277,30	1 / N.	≈ 0,113
101 340,39	6 / N.	≈ 0,043
11 165,40	252 / N.	≈ 0,201
132,88	13 545 / N.	≈ 0,129
72,55	17 220 / N.	≈ 0,089
9,21	229 600 / N.	≈ 0,151
		E(X) ≈ 0,726

Anmerkung zur Tabelle in Aufgabe 13:
Die Quoten in den einzelnen Gewinnklassen und die Durchschnittsbeträge sind in der Vergangenheit mehrfach verändert worden, auch während des Zeitraums, in dem der Mittelwert für den Aufgabentext bestimmt wurde. Eine Rolle bei den Durchschnittswerten spielt auch die Regelung, dass Gewinne auf die nächstfolgende Veranstaltung übertragen werden (Jackpot) bzw. dass Gewinnklassen zusammengelegt werden können. Zur Zeit der Drucklegung des Buches betrug der Einsatz pro Spiel 1,25 DM.

3. Binomialverteilungen

3.1 BERNOULLI - Versuche

54

1. (1) X: Anzahl der Wappen; n = 10; p = $\frac{1}{2}$
   (2) X: Die Glühbirne hat eine Lebensdauer von weniger als 1 000 Stunden.
       n = 10; p nicht bekannt, aber für bestimmte Hersteller vermutlich konstant
   (3) X: Anzahl der Wähler der Partei ABC; n = 100; p = Anteil der Wähler der Partei ABC
   (4) X: Anzahl der Mädchengeburten; n = 320; p ≈ 0,486
   (5) X: Anzahl der funktionierenden Geräte;
       n = Anzahl der produzierten/kontrollierten Geräte; p = vermutlich konstant
   (6) X: Anzahl der Ausspielungen, in denen Claudias Lieblingszahl gezogen wird;
       n (offen); p = $\frac{6}{49}$

2. a)

k	P(X = k)	P(X ≤ k)
0	1/32	1/32
1	5/32	6/32
2	10/32	16/32
3	10/32	26/32
4	5/32	31/32
5	1/32	32/32

   b) (1) P(X ≤ 3) = $\frac{26}{32}$ (3) P(X ≥ 1) = 1 − P(X = 0) = $\frac{31}{32}$

   (2) P(X < 3) = P(X ≤ 2) = $\frac{16}{32}$ = 0,5   (4) P(X > 1) = 1 − P(X ≤ 1) = $\frac{26}{32}$

3. Beim Ausmultiplizieren muss gemäß Distributionsgesetz aus jeder Klammer ein Term (a oder b) ausgewählt und mit den Termen der anderen Klammern multipliziert werden – analog zur Kombination der Erfolge/Misserfolge bzw. entsprechender Multiplikation der Erfolgs-/Misserfolgswahrscheinlichkeiten bei BERNOULLI - Versuchen.

4. a)

k	P(X = k)
0	729/4 096 ≈ 0,178
1	1 458/4 096 ≈ 0,356
2	1 215/4 096 ≈ 0,297
3	540/4 096 ≈ 0,132
4	135/4 096 ≈ 0,033
5	18/4 096 ≈ 0,004
6	1/4 096 ≈ 0,0002

   b) (1) P(X ≥ 1) = 1 − P(X = 0) = $\frac{3\,367}{4\,096}$ ≈ 0,822

   (2) P(X > 3) = $\frac{154}{4\,096}$ ≈ 0,038

   (3) P(X ≤ 5) = 1 − P(X = 6) = $\frac{4\,095}{4\,096}$ ≈ 0,9998

   (4) P(X = 6) = $\frac{1}{4\,096}$

54 5. a)

k	P(X = k)
0	0,240
1	0,412
2	0,265
3	0,076
4	0,008

b)

k	P(X = k)
0	0,078
1	0,259
2	0,346
3	0,230
4	0,077
5	0,010

c)

k	P(X = k)
0	0,004
1	0,037
2	0,138
3	0,276
4	0,311
5	0,187
6	0,047

d)

k	P(X = k)
0	0,0001
1	0,001
2	0,012
3	0,058
4	0,173
5	0,311
6	0,311
7	0,133

6. a) X_n: Anzahl der Wappen in n Würfen

(1) $P(X_4 = 3) = P(X_3 = 2) \cdot p + P(X_3 = 3) \cdot q$

Zwischenstand: entweder 2-mal Wappen, dann wieder Wappen   oder 3-mal Wappen und dann Zahl

$$= \binom{3}{2} p^2 q^1 \cdot p + \binom{3}{3} p^3 q^0 \cdot q$$

$$= \left[\binom{3}{2} + \binom{3}{3}\right] p^3 q^1 = \binom{4}{3} p^3 q^1$$

(2) $P(X_4 = 0) = P(X_3 = 0) \cdot q = \binom{3}{0} p^0 q^3 \cdot q = 1 \cdot q^4 = \binom{4}{0} q^4$

$P(X_4 = 4) = P(X_3 = 3) \cdot p = \binom{3}{3} p^3 q^0 \cdot p = 1 \cdot p^4 = \binom{4}{4} p^4$

b) Die Betrachtung des Zwischenstandes nach 3 Würfen entspricht dem Übergang von der 3. zur 4. Zeile im PASCALschen Dreieck (vgl. a): Summe benachbarter Binomialkoeffizienten in (1) bzw. Randwerte 1 in (2)).

c) $P(X_{10} = 7) = P(X_9 = 6) \cdot p + P(X_9 = 7) \cdot q$

$$= \binom{9}{6} p^6 q^3 \cdot p + \binom{9}{7} p^7 q^2 \cdot q$$

$$= \left[\binom{9}{6} + \binom{9}{7}\right] p^7 q^3$$

$$= \binom{10}{7} p^7 q^3$$

55 7. Beim Übergang von einer Stufe zur nächsten wird der jeweilige Zwischenstand berücksichtigt: Pfad nach links bedeutet 'Erfolg' mit Erfolgswahrscheinlichkeit p, Pfad nach rechts bedeutet 'Misserfolg' mit Misserfolgswahrscheinlichkeit q.
Wie in Aufgabe 6 ergeben sich dann die Wahrscheinlichkeiten für die jeweils nächste Stufe, z. B. $P(X_5 = 2) = 10p^2q^3$
$= P(X_4 = 2) \cdot q + P(X_4 = 1) \cdot p = 6p^2q^2 \cdot q + 4pq^3 \cdot p = 10p^2q^3$

8. X_Z: Anzahl der Personen mit Blutgruppe Z

(1) $P(X_A = 3) = \binom{5}{3} \cdot 0{,}42^3 \cdot 0{,}58^2 \approx 0{,}249$

(2) $P(X_0 > 1) = 1 - P(X_0 = 0) - P(X_0 = 1) = 1 - \binom{5}{0} \cdot 0{,}38^0 \cdot 0{,}62^5 - \binom{5}{1} \cdot 0{,}38^1 \cdot 0{,}62^4 \approx 0{,}628$

(3) $P(X_B = 1) = \binom{5}{1} \cdot 0{,}13^1 \cdot 0{,}87^4 \approx 0{,}372$

(4) $P(X_{AB} = 0) = \binom{5}{0} \cdot 0{,}07^0 \cdot 0{,}93^5 \approx 0{,}696$

9. a) $p^6 + 6p^5q + 15p^4q^2 + 20p^3q^3 + 15p^2q^4 + 6pq^5 + q^6$
Die Summanden sind die Wahrscheinlichkeit für k Erfolge beim 6-stufigen BERNOULLI-Versuch mit Erfolgswahrscheinlichkeit p.
b) $0{,}5^8 \cdot 0{,}5^0 + 8 \cdot 0{,}5^7 \cdot 0{,}5^1 + 28 \cdot 0{,}5^6 \cdot 0{,}5^2 + 56 \cdot 0{,}5^5 \cdot 0{,}5^3 + 70 \cdot 0{,}5^4 \cdot 0{,}5^4$
$+ 56 \cdot 0{,}5^3 \cdot 0{,}5^5 + 28 \cdot 0{,}5^2 \cdot 0{,}5^6 + 8 \cdot 0{,}5^1 \cdot 0{,}5^7 + 0{,}5^0 \cdot 0{,}5^8$
Die Summanden geben die Wahrscheinlichkeiten an für k- mal Wappen beim 8-fachen Münzwurf.
c) $\left(\frac{1}{6}\right)^9 + 9 \cdot \left(\frac{1}{6}\right)^8 \left(\frac{5}{6}\right)^1 + 36 \cdot \left(\frac{1}{6}\right)^7 \left(\frac{5}{6}\right)^2 + 84 \cdot \left(\frac{1}{6}\right)^6 \left(\frac{5}{6}\right)^3 + 126 \cdot \left(\frac{1}{6}\right)^5 \left(\frac{5}{6}\right)^4$
$+ 126 \cdot \left(\frac{1}{6}\right)^4 \left(\frac{5}{6}\right)^5 + 84 \cdot \left(\frac{1}{6}\right)^3 \left(\frac{5}{6}\right)^6 + 36 \cdot \left(\frac{1}{6}\right)^2 \left(\frac{5}{6}\right)^7 + 9 \cdot \left(\frac{1}{6}\right)^1 \left(\frac{5}{6}\right)^8 + \left(\frac{5}{6}\right)^9$
Die Summanden geben die Wahrscheinlichkeiten an für k-mal Augenzahl 6 beim 9-fachen Würfeln.

3.2. Anwendung der Binomialverteilung

56 1. (1) Ziehen ohne Zurücklegen (2) Ziehen mit Zurücklegen

$P(X = 0) = \dfrac{\binom{500}{0}\binom{500}{8}}{\binom{1\,000}{8}} \approx 0{,}0038$ $\qquad P(X = 0) = \binom{8}{0} \cdot 0{,}5^8 \approx 0{,}0039$

$P(X = 1) \approx 0{,}0308$ $\qquad\qquad\qquad\quad P(X = 1) \approx 0{,}0313$
$P(X = 2) \approx 0{,}1089$ $\qquad\qquad\qquad\quad P(X = 2) \approx 0{,}1094$
$P(X = 3) \approx 0{,}2192$ $\qquad\qquad\qquad\quad P(X = 3) \approx 0{,}2188$

56 2.

n	(1) Ziehen mit Zurücklegen $P(X = 1)$	(2) Ziehen ohne Zurücklegen
10	$\binom{5}{1} \cdot 0{,}2^1 \cdot 0{,}8^4 = 0{,}4096$	$\dfrac{\binom{2}{1}\binom{8}{4}}{\binom{10}{5}} = 0{,}\overline{5}$
100	0,4096	$\dfrac{\binom{20}{1}\binom{80}{4}}{\binom{100}{5}} \approx 0{,}4201$
1 000	0,4096	$\dfrac{\binom{200}{1}\binom{800}{4}}{\binom{1\,000}{5}} \approx 0{,}4106$
20	0,4096	$\dfrac{\binom{4}{1}\binom{16}{4}}{\binom{20}{5}} \approx 0{,}4696$
200	0,4096	$\dfrac{\binom{40}{1}\binom{160}{4}}{\binom{200}{5}} \approx 0{,}4148$
2 000	0,4096	$\dfrac{\binom{400}{1}\binom{1\,600}{4}}{\binom{2\,000}{5}} \approx 0{,}4101$

3. (1) Ziehen mit Zurücklegen (2) Ziehen ohne Zurücklegen

$P(X = 0) = \binom{10}{0} \cdot 0{,}01^0 \cdot 0{,}99^{10} \approx 0{,}9044$ $\dfrac{\binom{10}{0}\binom{990}{10}}{\binom{1\,000}{10}} \approx 0{,}9040$

$P(X = 1) = \binom{10}{1} \cdot 0{,}01^1 \cdot 0{,}99^9 \approx 0{,}0914$ $\dfrac{\binom{10}{1}\binom{990}{9}}{\binom{1\,000}{10}} \approx 0{,}0921$

$P(X \leq 1) \approx 0{,}9958$ $P(X \leq 1) \approx 0{,}9961$

Der Binomialansatz ist gerechtfertigt, da die Stichprobe (Umfang 10) klein ist im Vergleich zur Gesamtheit (Umfang 1 000).

58 4. (1) 20 Kugeln werden auf 6 Fächer verteilt $n = 20$; $p = \frac{1}{6}$

(2) 30 Kugeln werden auf 16 Fächer verteilt $n = 30$; $p = \frac{1}{16}$

(3) 50 Kugeln werden auf 25 Fächer verteilt $n = 50$; $p = \frac{1}{25}$

5. $n = 100$; $p = \frac{1}{50}$;   X: Anzahl der Rosinen in einem zufällig ausgewählten Brötchen.

$P(X = 0) = \left(\frac{49}{50}\right)^{100} \approx 0{,}133$ $\qquad\qquad$ $P(X \geq 1) = 1 - P(X = 0) \approx 0{,}867$

Häufigkeitsinterpretation: Unter 50 Rosinenbrötchen enthalten ca. 13,3 %, d. h. 7, keine Rosinen, also ca. 43 enthalten mindestens eine Rosine.

6. $n = 1\,000$, $p = \frac{1}{365}$, X: Anzahl der Schüler/innen, die am 25. 02. Geburtstag haben.

$P(X = 0) \approx 0{,}064$, $\qquad\qquad$ $P(X = 1) \approx 0{,}177$, $\qquad\qquad$ $P(X = 2) \approx 0{,}243$,
$P(X = 3) \approx 0{,}222$, $\qquad\qquad$ $P(X > 3) \approx 0{,}294$

Häufigkeitsinterpretation: Es wird ungefähr an 6,4 % der 365 Tage, also an 23 Tagen im Jahr keine Geburtstagskinder geben, ca. 65 Tage mit 1 Geburtstagskind, ca. 89 Tage bzw. 81 Tage bzw. 107 Tage mit 2, 3 bzw. mehr als 3 Geburtstagskindern.

7. $n = 24$; $p = \frac{1}{365}$;

X: Anzahl der gefährlichen Begegnungen an einem beliebig ausgewählten Tag.
$P(X = 0) \approx 0{,}936$; $\qquad\qquad$ $P(X = 1) \approx 0{,}062$; $\qquad\qquad$ $P(X > 1) \approx 0{,}002$

Im Jahr wird es an 341 bis 342 Tagen keine gefährliche Begegnung geben, an 22 bis 23 Tagen eine, an 0 bis 1 Tagen mehr als eine
($365 \cdot 0{,}936 \approx 341{,}6$; $365 \cdot 0{,}062 \approx 22{,}6$; $365 \cdot 0{,}002 \approx 0{,}7$).

8. X: Anzahl der Monteure, die zu einem beliebig ausgewählten Zeitpunkt eine Maschine benötigen (Anzahl der benötigten Maschinen).
$p = \frac{24}{60} = 0{,}4$; $n = 5$

k	P(X = k)
0	0,078
1	0,259
2	0,346
3	0,230
4	0,077
5	0,010

← Mit Wahrscheinlichkeit 34,6 % werden gleichzeitig 2 Maschinen benötigt.

9. X: Anzahl der zu einem beliebigen Zeitpunkt benötigten Telefonleitungen.
$p = \frac{12}{60} = 0{,}2$; $n = 8$

k	P(X = k)	P(X ≤ k)	P(X > k)
0	0,168	0,168	0,832
1	0,336	0,504	0,496
2	0,294	0,798	0,202
3	0,147	0,945	0,055

Mit einer Wahrscheinlichkeit von ca. 94,5 % reichen die 3 Leitungen aus.

59 10. X: Anzahl der Mitarbeiter, die an der Geräteausgabe zu einem beliebigen Zeitpunkt benötigt werden.
$p = \frac{10}{240} = \frac{1}{24}$; n = 100

k	P(X = k)	P(X ≤ k)
0	0,014	0,014
1	0,062	0,076
2	0,133	0,209
3	0,188	0,397
4	0,199	0,596
5	0,166	0,762

In fast einem Viertel der Fälle (23,8 %) kommt es vor, dass die Anzahl der Mitarbeiter nicht ausreicht.

3.3 Eigenschaften von Binomialverteilungen

61 1. a) P(X = 3) = P(X ≤ 3) − P(X ≤ 2) = 0,987 − 0,930 = 0,057
   b) P(X = 7) = P(X ≤ 7) − P(X ≤ 6) = 0,891 − 0,789 = 0,111
   c) P(X = 10) = 0,262 − 0,164 = 0,098
   d) P(X = 28) = 0,377 − 0,296 = 0,081
   e) P(4 ≤ X ≤ 7) = P(X ≤ 7) − P(X ≤ 3) = 0,998 − 0,650 = 0,348
   f) P(3 ≤ X ≤ 6) = P(X ≤ 6) − P(X ≤ 2) = 0,561 − 0,032 = 0,529
   g) P(19 ≤ X ≤ 24) = 0,902 − 0,336 = 0,566
   h) P(10 ≤ X ≤ 18) = 0,995 − 0,451 = 0,544

2. a) P(X < 4) = P(X ≤ 3) = 0,172
   b) P(X > 5) = 1 − P(X ≤ 5) = 1 − 0,772 = 0,228
   c) P(X ≥ 12) = 1 − P(X ≤ 11) = 1 − 0,382 = 0,618
   d) P(X ≤ 23) = 0,811
   e) P(X > 0) = 1 − P(X = 0) = 1 − 0,349 = 0,651
   f) P(X < 5) = P(X ≤ 4) = 0,046

3. n = 100; p = 0,5; X: Anzahl der Wappen
   a) P(45 ≤ X ≤ 55) = 0,864 − 0,136 = 0,728
   b) P(40 ≤ X ≤ 60) = 0,982 − 0,018 = 0,964
   c) P(X < 55) = P(X ≤ 54) = 0,816
   d) P(X > 55) = 1 − P(X ≤ 55) = 1 − 0,864 = 0,136

4. n = 50; p = 0,2; X: Anzahl der richtigen Antworten
   a) P(X > 20) = 1 − P(X ≤ 20) = 1 − 1 = 0
   b) P(10 ≤ X ≤ 20) = 1,000 − 0,444 = 0,556
   c) P(X < 10) = P(X ≤ 9) = 0,444
   d) P(X = 12) = 0,814 − 0,711 = 0,103

61 5. Druckfehler im Lehrbuch: d) n = 25

k	a) P(X = k)	b) P(X = k)	c) P(X = k)
0	0,028	0,162	0,001
1	0,121	0,323	0,010
2	0,234	0,290	0,044
3	0,267	0,155	0,117
4	0,200	0,055	0,205
5	0,103	0,013	0,246
6	0,036	0,002	0,205
7	0,009	0,000	0,117
8	0,002	0,000	0,044
9	0,000	0,000	0,010
10	0,000	0,000	0,001

d)

k	P(X = k)
4	0,000
5	0,002
6	0,005
7	0,015
8	0,032
9	0,061
10	0,097
11	0,133
12	0,155
13	0,155
14	0,133
15	0,097
16	⋮

64 6. a) $P(X_1 = 7) = P(X_2 = 3) = 0{,}250$
  b) $P(X_1 = 18) = P(X_2 = 7) = 0{,}111$
  c) $P(X_1 = 40) = P(X_2 = 10) = 0{,}016$
  d) $P(X_1 = 55) = P(X_2 = 45) = 0{,}048$
  e) $P(X_1 = 6) = P(X_2 = 4) = 0{,}228$
  f) $P(X_1 = 18) = P(X_2 = 7) = 0{,}064$

7. a) $P(X_1 \geq 7) = P(X_1 = 7; 8; 9; 10) = P(X_2 = 0; 1; 2; 3) = P(X_2 \leq 3) = 0{,}382$
  b) $P(X_1 < 21) = P(X_1 = 0; \ldots; 20) = P(X_2 = 5; \ldots; 25) = 1 - P(X_2 \leq 4) = 1 - 0{,}902 = 0{,}098$
  c) $P(X_1 \leq 41) = P(X_1 = 0; 1; \ldots; 41) = P(X_2 = 9; 10; \ldots; 50) = 1 - P(X_2 \leq 8)$
     $= 1 - 0{,}018 = 0{,}982$
  d) $P(X_1 > 80) = P(X_1 = 81; \ldots; 100) = P(X_2 = 0; 1; \ldots; 19) = P(X_2 \leq 19) = 0{,}460$
  e) $P(X_1 \geq 40) = P(X_1 = 40; \ldots; 50) = P(X_2 = 0; \ldots; 10) = P(X_2 \leq 10) = 0{,}262$
  f) $P(X_1 < 70) = P(X_1 = 0; \ldots; 69) = P(X_2 = 31; \ldots; 100) = 1 - P(X_2 \leq 30)$
     $= 1 - 0{,}277 = 0{,}723$

8. a) $P(3 \leq X_1 \leq 8) = P(2 \leq X_2 \leq 7) = 1{,}000 - 0{,}244 = 0{,}756$
  b) $P(18 \leq X_1 \leq 21) = P(4 \leq X_2 \leq 7) = 0{,}998 - 0{,}764 = 0{,}234$
  c) $P(30 \leq X_1 \leq 40) = P(10 \leq X_2 \leq 20) = 0{,}561 - 0{,}001 = 0{,}560$
  d) $P(70 < X_1 < 78) = P(23 \leq X_2 \leq 29) = 0{,}989 - 0{,}739 = 0{,}250$
  e) $P(30 < X_1 < 38) = P(13 \leq X_2 \leq 19) = 0{,}804 - 0{,}104 = 0{,}700$
  f) $P(80 \leq X_1 \leq 84) = P(16 \leq X_2 \leq 20) = 0{,}848 - 0{,}388 = 0{,}460$

9. a) $P(X_1 = 90) = P(X_2 = 10) = 0{,}583 - 0{,}451 = 0{,}132$
  b) $P(X_1 \geq 90) = P(X_2 \leq 10) = 0{,}583$
  c) $P(X_1 > 90) = P(X_2 \leq 9) = 0{,}451$

64   10. n = 10 n = 25 n = 50
   a) 0,349 0,072 0,005
   b) 0,194 0,065 0,016
   c) 0,349 0,537 0,431

11. a) n = 50 $P(X_1 > 35) = P(X_2 \leq 14) = 0{,}939$
    b) n = 100 $P(X_1 < 75) = P(X_2 \geq 26) = 1 - P(X_2 \leq 25) = 0{,}087$

12. Altersgruppe 18 – 40 Jahre
    n = 100
    m: $p_1 = 0{,}9$: $P(X_1 > 75) = P(X_2 \leq 24) = 1{,}000$
    w: $p_1 = \frac{5}{6}$: $P(X_1 > 75) = P(X_2 \leq 24) = 0{,}978$
    n = 50
    $P(X_1 \geq 38) = P(X_2 \leq 12) = 0{,}999$
    $P(X_1 \geq 38) = P(X_2 \leq 12) = 0{,}937$
    n = 25
    $P(X_1 \geq 19) = P(X_2 \leq 6) = 0{,}991$
    $P(X_1 \geq 19) = P(X_2 \leq 6) = 0{,}891$

    Altersgruppe 40 – 60 Jahre   m: p = 0,9; w: p = 0,6
    n = 100 $P(X_1 > 75) = 1{,}000$ bzw. $P(X_1 > 75) = 0{,}001$
    n = 50 $P(X_1 \geq 38) = 0{,}999$ bzw. $P(X_1 \geq 38) = 0{,}013$
    n = 25 $P(X_1 \geq 19) = 0{,}991$ bzw. $P(X_1 \geq 19) = 0{,}074$

    Altersgruppe über 60 Jahre   m: $p = \frac{2}{3}$; w: p = 0,2
    n = 100 $P(X_1 > 75) = 0{,}028$ bzw. $P(X_1 > 75) = 0{,}000$
    n = 50 $P(X_1 \geq 38) = 0{,}104$ bzw. $P(X_1 \geq 38) = 0{,}000$
    n = 25 $P(X_1 \geq 19) = 0{,}222$ bzw. $P(X_2 \geq 19) = 0{,}000$

13. n = 100; $p_1 = 0{,}6$
    a) $P(X_1 > 60) = P(X_2 \leq 39) = 0{,}462$
    b) $P(X_1 < 60) = P(X_2 \geq 41) = 1 - P(X_2 \leq 40) = 0{,}457$
    c) $P(X_1 < 70) = 1 - P(X_2 \leq 30) = 0{,}975$
    d) $P(X_1 \geq 70) = P(X_2 \leq 30) = 0{,}025$
    e) $P(X_1 = 70) = P(X_2 = 30) = 0{,}010$

14. (1) $P(X_1 = k) = P(X_2 = n - k) = P(X_2 \leq n - k) - P(X_2 \leq n - k - 1)$
    (2) $P(X_1 \leq k) = P(X_2 \geq n - k) = 1 - P(X_2 \leq n - k - 1)$
    (3) $P(X_1 > k) = 1 - P(X_1 \leq k) = P(X_2 \leq n - k - 1)$
    (4) $P(a \leq X_1 \leq b) = P(n - b \leq X_2 \leq n - a) = P(X_2 \leq n - a) - P(X_2 \leq n - b - 1)$

66

15.

k	P(X = k)	k · P(X = k)
0	q^4	0
1	$4pq^3$	$4pq^3$
2	$6p^2q^2$	$12p^2q^2$
3	$4p^3q$	$12p^3q$
4	p^4	$4p^4$

$n = 4$

$E(X) = 4p(q^3 + 3pq^2 + 3p^2q + p^3) = 4p(q + p)^3 = 4p$

k	P(X = k)	k · P(X = k)
0	q^5	0
1	$5pq^4$	$5pq^4$
2	$10p^2q^3$	$20p^2q^3$
3	$10p^3q^2$	$30p^3q^2$
4	$5p^4q$	$20p^4q$
5	p^5	$5p^5$

$n = 5$

$E(X) = 5p(q^4 + 4pq^3 + 6p^2q^2 + 4p^3q + p^4) = 5p(q + p)^4 = 5p$

16.

		n = 10		n = 25		n = 50		n = 100	
		k	P(X = k)	k	P(X = k)	k	P(X = k)	k	P(X = k)
a)		6	0,228	16	0,158	32	0,108	66	0,083
		7	0,260	**17**	0,168	**33**	0,118	**67**	0,085
		8	0,195	18	0,148	**34**	0,118	68	0,081
						35	0,108		
b)		6	0,146	17	0,124	36	0,111	74	0,089
		7	0,250	18	0,166	37	0,126	**75**	0,091
		8	0,282	**19**	0,183	**38**	0,129	**76**	0,091
		9	0,188	20	0,164	39	0,120	77	0,085
c)		8	0,194	22	0,227	44	0,154	89	0,120
		9	0,387	**23**	0,266	**45**	0,185	**90**	0,132
		10	0,349	24	0,199	46	0,181	91	0,130

17. a)

n	p	np − q	k_{max}	np + p
25	0,1	1,6	2	2,6
10	0,25	1,75	2	2,75
25	0,25	5,5	6	6,5
50	0,25	11,75	12	12,75
10	1/3	$2,\overline{6}$	3	$3,\overline{6}$
25	1/3	$7,\overline{6}$	8	$8,\overline{6}$
*50	1/3	16	16; 17	17
100	1/3	$32,\overline{6}$	33	$33,\overline{6}$
*25	0,5	12	12; 13	13

66 17. b) vgl. * in Teil a).

Weitere Beispiele: $n = 50$; $p = 2/3$
$n = 5$; $p = 1/3$ ($p = 2/3$)
$n = 8$; $p = 1/3$ ($p = 2/3$) usw.
$n = 7$; $p = 1/4$ ($p = 3/4$)
$n = 11$; $p = 1/4$ ($p = 3/4$) usw.

c) Für $p = q = 0{,}5$ gilt: $np - q = n \cdot 0{,}5 - 0{,}5 = (n - 1) \cdot 0{,}5$
bzw. $np + p = n \cdot 0{,}5 + 0{,}5 = (n + 1) \cdot 0{,}5$.

Wenn n ungerade ist, dann sind $n - 1$ bzw. $n + 1$ gerade; das Produkt einer geraden Zahl mit 0,5 ist ganzzahlig.

3.4 Binomialverteilungen bei großem Stichprobenumfang – Umgebungen um den Erwartungswert

69 1. a)

	n	μ	60%-Umgebung	r_{60}	90%-Umgebung	r_{90}
	10	5	$4 \leq X \leq 6$	1,5	$2 \leq X \leq 8$	3,5
$p = 0{,}5$	25	12,5	$10 \leq X \leq 15$	2,5	$8 \leq X \leq 17$	5,5
	50	25	$22 \leq X \leq 28$	3,5	$19 \leq X \leq 31$	6,5
	100	50	$46 \leq X \leq 54$	4,5	$42 \leq X \leq 58$	8,5
	10	2,5	$1 \leq X \leq 4$	2	$0 \leq X \leq 5$	3
	(25	6,25	Wert nicht geeignet)			
$p = 0{,}25$	50	12,5	$9 \leq X \leq 16$	4	$8 \leq X \leq 17$	5
	100	25	$21 \leq X \leq 29$	4,5	$18 \leq X \leq 32$	7,5

b)

n	μ	95%-Umgebung	r_{95}	99%-Umgebung	r_{99}
10	4	$1 \leq X \leq 7$	3,5	$0 \leq X \leq 9$	5,5
25	10	$5 \leq X \leq 15$	5,5	$4 \leq X \leq 16$	6,5
50	20	$13 \leq X \leq 27$	7,5	$10 \leq X \leq 29$	9,5
100	40	$30 \leq X \leq 50$	10,5	$37 \leq X \leq 53$	13,5

Vergleich	Faktor für n	Faktor für r_{60}	r_{90}	r_{95}	r_{99}
n = 10 bzw. n = 25	2,5	1,7	1,6	1,6	1,2
n = 10 bzw. n = 50	5	2,3 (2)	1,9 (1,7)	2,1	1,7
n = 10 bzw. n = 100	10	3 (2,3)	2,4 (2,5)	3	2,5
n = 25 bzw. n = 50	2	1,4	1,2	1,4	1,5
n = 25 bzw. n = 100	4	1,8	1,5	1,9	2,1
n = 50 bzw. n = 100	2	1,3 (1,1)	1,3 (1,5)	1,4	1,4

2. a)

n	μ	Wahrscheinlichkeit der Umgebung
10	4	$P(3 \leq X \leq 5) = 0{,}667$
25	10	$P(7 \leq X \leq 13) = 0{,}848$
50	20	$P(13 \leq X \leq 27) = 0{,}972$
100	40	$P(26 \leq X \leq 54) = 0{,}997$

69 2. b)

n	μ	Wahrscheinlichkeit der Umgebung
10	4	$P(2 \leq X \leq 6) = 0{,}899$
25	10	$P(4 \leq X \leq 16) = 0{,}994$
50	20	$P(8 \leq X \leq 32) = 1$
100	40	$P(16 \leq X \leq 64) = 1$

c)

n	μ	
10	4	$P(1 \leq X \leq 7) = 0{,}982$
25	10	$P(2 \leq X \leq 18) = 1$
50	20	$P(3 \leq X \leq 37) = 1$
100	40	$P(6 \leq X \leq 74) = 1$

3.

	n	p	linke Umgebung	rechte Umgebung
(1)	50	0,3	$P(11 \leq X \leq 14) = 0{,}368$	$P(16 \leq X \leq 19) = 0{,}346$
	50	0,2	$P(6 \leq X \leq 9) = 0{,}396$	$P(11 \leq X \leq 14) = 0{,}355$
(2)	100	0,3	$P(24 \leq X \leq 29) = 0{,}386$	$P(31 \leq X \leq 36) = 0{,}371$
	100	0,2	$P(14 \leq X \leq 19) = 0{,}413$	$P(21 \leq X \leq 26) = 0{,}385$

Die Unterschiede werden beim Übergang n = 50 → n = 100 geringer. Je weiter p von 0,5 entfernt liegt, desto „unsymmetrischer" sind die Umgebungen.

4.

Faktor von n	√Faktor	Faktor r_{60}	Faktor r_{90}
2,5	1,6	1,7	1,8
5	2,2	2,3	2,6
10	3,2	3	3,4
2	1,4	1,4	1,4
4	2	1,8	1,9
2	1,4	1,3	1,3

3.5 Varianz und Standardabweichung bei Binomialverteilungen

71 1.

p	n = 25 σ	n = 100 σ
0,1	1,5	3
0,2	2	4
0,3	2,29	4,58
0,4	2,45	4,90
0,5	2,5	5
0,6	2,45	4,90
0,7	2,29	4,58
0,8	2	4
0,9	1,5	3

← Maximum ↕ Symmetrie

· 2

σ hängt von √n ab

3.6 Schluss von der Gesamtheit auf die Stichprobe

1.

n	μ	σ	90%-Umgebung	95%-Umgebung	99%-Umgebung
180	30	5	[22; 38]	[21; 39]	[18; 42]
234	39	5,70	[30; 48]	[28; 50]	[25; 53]
3 000	500	20,41	[467; 533]	[460; 540]	[448; 552]
1 932	322	16,38	[296; 348]	[290; 354]	[280; 364]

2.

	n	μ	σ	90%-Umgebung	95%-Umgebung	99%-Umgebung
a)	720	663,8	7,20	[653; 675]	[650; 678]	[646; 682]
b)	720	333,4	13,38	[312; 355]	[308; 359]	[299; 367]
c)	720	448,6	13,00	[428; 469]	[424; 474]	[416; 482]
d)	720	242,6	12,68	[222; 263]	[218; 267]	[210; 275]
e)	720	409,0	13,29	[388; 430]	[383; 435]	[375; 443]

3. 95%-Umgebung von $\mu = 18$:   [10; 26]

4. $n = 2\,191$; $p = \frac{6}{49}$; $\mu = 268,3$; $\sigma = 15,34$

90%-Umgebung   [244; 293]   Vergleich mit S. 123:   44 Zahlen (= 90 %)
95%-Umgebung   [239; 298]   46 Zahlen (= 94 %)
99%-Umgebung   [229; 307]   47 Zahlen (= 96 %)
Erläuterung: 44 der 49 Zahlen liegen mit ihrer Ziehungshäufigkeit in der 90%-Umgebung von μ; dies entspricht exakt der Häufigkeitsinterpretation von „90 %".

5. Unter der Voraussetzung, dass alle Tips „zufällig" ausgefüllt wurden (was sicherlich nicht der Fall ist), ergeben sich folgende 90%-Umgebungen:
0 Richtige: [56 666 175; 56 684 719]
1 Richtiger: [53 683 322; 53 701 735]
2 Richtige: [17 202 807; 17 215 480]
3 Richtige o. Z.:   [2 132 092; 2 136 843]
3 Richtige m. Z.:   [159 430; 160 740]
4 Richtige: [125 339; 126 502]
5 Richtige o. Z.:   [2 264; 2 422]
5 Richtige m. Z.:   [44; 68]
6 Richtige: [5; 14]

6. $n = 121$; $p = \frac{97\,093}{99\,015} \approx 0,981$; $\mu = 118,7$; $\sigma = 1,52$ 95%-Umgebung: [116; 121]

$n = 136$; $p = \frac{94\,362}{98\,562} \approx 0,957$; $\mu = 130,2$; $\sigma = 2,36$ 95%-Umgebung: [126; 134]

7. a) $n = 633$; $p = 0,486$; $\frac{X}{n} = 0,502$ 95%-Umgebung für p: $0,448 \leq \frac{X}{n} \leq 0,524$

77 7. b)

Monat/Tag	n	95%-Umgebung von µ
Januar	110	[44; 63] ∋ 53
Februar	90	[35; 53] ∋ 43
März	121	[49; 69] ∋ 68
April	107	[42; 62] ∋ 50
Mai	106	[42; 61] ∋ 54
Juni	99	[39; 57] ∋ 50

Alle Ergebnisse verträglich mit p = 0,486.

c)

	n	95%-Umgebung von µ
Mo	95	[37; 55] ∋ 54
Di	84	[32; 49] ∋ 46
Mi	102	[40; 59] ∋ 48
Do	94	[37; 55] ∌ 35
Fr	103	[41; 60] ∋ 49
Sa	93	[36; 54] ∋ 51
So	62	[23; 37] ∋ 35

← Ein Ergebnis ist ungewöhnlich

8. a) n = 633; p = $\frac{1}{7}$; µ = 90,4; σ = 8,80   95%-Umgebung von µ: [74; 107]

Am Sonntag wurden ungewöhnlich wenig Kinder geboren.

b)

Monat	p	95%-Umgebung von µ
Januar	31/181	[90; 126] ∋ 110
Februar	28/181	[81; 115] ∋ 90
März	31/181	[90; 126] ∋ 121
April	30/181	[87; 123] ∋ 107
Mai	31/181	[90; 126] ∋ 106
Juni	30/181	[87; 123] ∋ 99

Keine ungewöhnlichen Ergebnisse.

78 9. p ≈ $\frac{9\,943}{15\,250}$ ≈ 0,652

a)

Tag	n	95%-Umgebung	Tag	n	95%-Umgebung
1	151	[87; 109]	14	141	[81; 103]
2	150	[87; 109]	15	129	[74; 94] ∌ 71
3	136	[78; 99]	16	148	[86; 107]
4	125	[72; 91]	17	158	[92; 114] ∌ 117
5	130	[75; 95]	18	171	[100; 123]
6	158	[92; 114]	19	144	[83; 105]
7	157	[91; 114]	20	128	[73; 94] ∌ 95
8	151	[87; 109]	21	163	[95; 118]
9	164	[95; 118]	22	164	[95; 118]
10	130	[75; 95]	23	163	[95; 118]
11	130	[75; 95]	24	149	[86; 108]
12	144	[83; 105]	25	106	[60; 78]
13	134	[77; 98]			

3 von 25 Ergebnissen sind ungewöhnlich. (Bei 25 Stichproben muss man davon ausgehen, dass 1 Ergebnis außerhalb liegt – Häufigkeitsinterpretation von „95 %")

9. b)

Wochentag	n	95%-Umgebung	
Mo	750	[464; 510] ∋ 493	
Di	773	[479; 529] ∌ 535	Ungewöhnlich!
Mi	775	[467; 517] ∋ 500	
Do	723	[447; 496] ∋ 453	
Fr	623	[383; 429] ∋ 395	

10. a) $p = 0{,}631$; $n = 875$; $\mu = 552{,}1$; $\sigma = 14{,}27$
    95%-Umgebung von μ: [525; 580]   Nicht ungewöhnlich!
    b) (1) $p = \frac{5\,070}{8\,310} \approx 0{,}610$; $n = 1\,008$; 95%-Umgebung [585; 645]
       (2) $p = \frac{3\,204}{4\,920} \approx 0{,}659$; $n = 1\,072$; 95%-Umgebung [676; 736]
       (3) $p = \frac{4\,180}{6\,770} \approx 0{,}617$; $n = 1\,229$; 95%-Umgebung [726; 792]
    (1) Prüfer eventuell sehr genau!
    (3) Prüfer sehr großzügig (Hochsignifikante Abweichung!)

3.7 Mindest- bzw. Höchstzahl von Erfolgen

1. a) Ersetze 1,64 im Ansatz von Aufgabe 1 durch 2,33, denn die 2,33 σ- Umgebung von μ hat die Wahrscheinlichkeit 98 %, also $P(X \geq \mu - 2{,}33\sigma) \approx 99\,\%$.
   Für den notwendigen Stichprobenumfang ergibt sich: $n \geq 1\,384$.
   b) $n \geq 2\,737$

2. Ansatz: $\mu - 1{,}64\sigma \geq 400$; $p = 0{,}9$ $n \geq 457$

3. Ansatz: $\mu - 1{,}64\sigma \geq 96$; $p = 0{,}85\ (0{,}75)$ $n \geq 121$ ($n \geq 140$)

4. a) $P(X > 360) \approx 0{,}5$, da $n = 400$; $p = 0{,}9$; $\mu = 360$
   [Genaue Rechnung mit Formel von MOIVRE und LAPLACE (S. 80)
   $P(X > 360) = 1 - P(X \leq 360) \approx 1 - \phi\left(\frac{360{,}5-360}{6}\right) \approx 1 - \phi(0{,}08) \approx 1 - 0{,}532 = 0{,}468$]
   b) Ansatz: $\mu + 2{,}33\sigma \leq 360$; $n \leq 385$

5. Ansatz: $\mu + 2{,}33\sigma \leq 720$ $\Leftrightarrow$ $n \leq 819$ ($\mu + 1{,}64\sigma \leq 720$ $\Leftrightarrow$ $n \leq 828$)
   Mit einer Wahrscheinlichkeit von 99 % sind alle Bestellungen bis Platz 819 erfolgreich.

79 6.

	a)	b)	
Flugzeugtyp	99%-Umgebung von μ	Ansatz $\mu + 2{,}33\sigma \leq K$	K
Canadjet	[38; 48]	47	48
AVRO RJ 85	[66; 78]	81	80
Boeing B737	[85; 100]	106	103
	([103; 119])	(127)	(123)
Airbus A319	[105; 122]	131	126
Airbus A320	[121; 138]	150	144
Airbus A321	[154; 174]	191	182
Airbus A310	[189; 211]	234	222
	([143; 162])	(177)	(169)
Airbus A300	[231; 255]	286	270
	([170; 190])	(210)	(200)
Airbus 340	[194; 216]	241	228
	([222; 246])	(275)	(260)
Boeing B747	[334; 363]	414	387

3.8 Exkurs: Approximation der Binomialverteilung durch die Normalverteilung

81 1. a) $n = 150; p = 0{,}4; \mu = 60; \sigma = 6$

$$P(52 \leq X \leq 63) \approx \phi\left(\frac{63{,}5-60}{6}\right) - \phi\left(\frac{51{,}5-60}{6}\right) \approx 0{,}719 - 0{,}071 = 0{,}648$$

b) $n = 180; p = \frac{1}{3}; \mu = 60; \sigma = 6{,}32$

$$P(62 \leq X \leq 70) \approx \phi\left(\frac{70{,}5-60}{6{,}32}\right) - \phi\left(\frac{61{,}5-60}{6{,}32}\right) \approx 0{,}952 - 0{,}595 = 0{,}357$$

c) $n = 243; p = 0{,}63; \mu = 153{,}1; \sigma = 7{,}53$

$$P(150 \leq X \leq 160) \approx \phi\left(\frac{160{,}5-153{,}1}{7{,}53}\right) - \phi\left(\frac{149{,}5-153{,}1}{7{,}53}\right) \approx 0{,}837 - 0{,}316 = 0{,}521$$

2. (1) $P(\mu - 0{,}25\sigma \leq X \leq \mu + 0{,}25\sigma) \approx 20\ \%$ (3) $P(\mu - 1{,}41\sigma \leq X \leq \mu + 1{,}41\sigma) \approx 84\ \%$
   (2) $P(\mu - 0{,}94\sigma \leq X \leq \mu + 0{,}94\sigma) \approx 65\ \%$ (4) $P(\mu - 1{,}75\sigma \leq X \leq \mu + 1{,}75\sigma) \approx 92\ \%$

3. a) $n = 200; p = 0{,}4; \mu = 80; \sigma = 6{,}93$

$$P(70 \leq X \leq 85) \approx \phi\left(\frac{85{,}5-80}{6{,}93}\right) - \phi\left(\frac{69{,}5-80}{6{,}93}\right) \approx \phi(0{,}79) - \phi(-1{,}52) \approx 0{,}721$$

b) $n = 150; p = 0{,}75; \mu = 112{,}5; \sigma = 5{,}30$

$$P(110 \leq X \leq 125) \approx \phi\left(\frac{125{,}5-112{,}5}{5{,}30}\right) - \phi\left(\frac{109{,}5-112{,}5}{5{,}30}\right) \approx \phi(2{,}45) - \phi(-0{,}57) \approx 0{,}709$$

c) $n = 345; p = 0{,}82; \mu = 282{,}9; \sigma = 7{,}14$

$$P(270 \leq X \leq 290) \approx \phi\left(\frac{290{,}5-282{,}9}{7{,}14}\right) - \phi\left(\frac{269{,}5-282{,}9}{7{,}14}\right) \approx \phi(1{,}06) - \phi(-1{,}88) \approx 0{,}825$$

81

3. **d)** n = 567; p = 0,34; μ = 192,8; σ = 11,28

$$P(199 \leq X \leq 205) \approx \phi\left(\frac{205,5-192,8}{11,28}\right) - \phi\left(\frac{198,5-192,8}{11,28}\right) \approx \phi(1,13) - \phi(-0,51) \approx 0,176$$

e) $P(X = 82) \approx \phi\left(\frac{82,5-80}{6,93}\right) - \phi\left(\frac{81,5-80}{6,93}\right) \approx \phi(0,36) - \phi(0,22) \approx 0,054$

f) $P(X = 120) \approx \phi(1,51) - \phi(1,32) \approx 0,028$

g) $P(X = 280) \approx \phi(-0,34) - \phi(-0,48) \approx 0,051$

h) $P(X = 200) \approx \phi(0,68) - \phi(0,59) \approx 0,030$

4. **a)** n = 100; p = 0,5; μ = 50; σ = 5

$P(45 \leq X \leq 52) \approx \phi(0,5) - \phi(-1,1) \approx 0,556$ (exakt: 0,555)

b) n = 100; p = 0,4; μ = 40; σ = 4,90

$P(X \geq 42) = 1 - P(X \leq 41) \approx 1 - \phi(0,31) \approx 0,378$ (exakt: 0,377)

c) n = 100; p = $\frac{1}{3}$; μ = 33,3; σ = 4,71

$P(X \leq 35) \approx \phi(0,46) \approx 0,677$ (exakt: 0,680)

d) n = 100; p = 0,3; μ = 30; σ = 4,58

$P(X = 30) \approx \phi(0,11) - \phi(-0,11) \approx 0,088$ (exakt: 0,087)

4. Testen und Schätzen

4.1 Testen von Hypothesen

85 1. a) $n = 240$; $p = \frac{1}{4}$; $\mu = 60$; $\sigma = 6{,}71$
Verwirf die Hypothese, falls $X < 47$ oder $X > 73$.
b) $n = 320$; $p = \frac{1}{8}$; $\mu = 40$; $\sigma = 5{,}92$
Verwirf die Hypothese, falls $X < 29$ oder $X > 51$.
c) $n = 240$; $p = \frac{5}{12}$; $\mu = 100$; $\sigma = 7{,}64$
Verwirf die Hypothese, falls $X < 86$ oder $X > 114$.
d) $n = 400$; $p = \frac{9}{20}$; $\mu = 180$; $\sigma = 9{,}95$
Verwirf die Hypothese, falls $X < 161$ oder $X > 199$

86 2. $n = 107$; $p = 0{,}5$; $\mu = 53{,}5$; $\sigma = 5{,}17$; Annahmebereich: $44 \leq X \leq 63$
Das Ergebnis weicht signifikant ab (95 % - Niveau).
$n = 156$; $p = 0{,}5$; $\mu = 78$; $\sigma = 6{,}24$; Annahmebereich: $66 \leq X \leq 90$
Auch dieses Ergebnis weicht signifikant ab; die Hypothese $p = 0{,}5$ wird verworfen.

3. $n = 64$; $p = 0{,}25$; $\mu = 16$; $\sigma = 3{,}46$; Annahmebereich: $11 \leq X \leq 21$ (90 % - Niveau)
Das Ergebnis (10 Gewinnlose) liegt außerhalb des Annahmebereichs (90 % - Niveau), jedoch noch innerhalb des Annahmebereichs auf den 95 % - Niveau. Der Losverkäufer sollte weiter beobachtet werden.

4. $n = 750$; $p = 0{,}31$; $\mu = 232{,}5$; $\sigma = 12{,}67$; Annahmebereich: $208 \leq X \leq 257$
Signifikante Abweichung auf dem 95 % - Niveau. Wenn die Hypothese $p = 0{,}31$ verworfen wird, kann dies falsch sein; in 5 % der Fälle treten auch zufällig Ergebnisse außerhalb des Annahmebereichs auf.

5. $n = 158$; $p = 0{,}2$; $\mu = 31{,}6$; $\sigma = 5{,}03$; Annahmebereich: $22 \leq X \leq 41$ (95 % - Niveau)
Signifikante Abweichung!
$n = 127$; $p = 0{,}2$; $\mu = 25{,}4$; $\sigma = 4{,}51$; Annahmebereich: $17 \leq X \leq 34$ (95 % - Niveau)
Das Ergebnis liegt noch im Annahmebereich.

4.2 Einseitige Hypothesentests

88

1. $n = 1\,728$; $p = 0{,}365$; $\mu = 630{,}7$; $\sigma = 20{,}01$
   H_1: $\quad p > 0{,}365 \quad$ Die Hypothese wird verworfen, falls weniger als 585 Patienten mit
   $\qquad\qquad\qquad\qquad$ Blutgruppe 0 vorgefunden werden (99 % - Niveau).
   H_2: $\quad p \leq 0{,}365 \quad$ Die Hypothese wird verworfen, falls mehr als 669 Patienten mit
   $\qquad\qquad\qquad\qquad$ Blutgruppe 0 vorgefunden werden (99 % - Niveau).
   Hier liegt eine hochsignifikante Abweichung nach oben vor.

2. $n = 822$; $p = 0{,}425$; $\mu = 349{,}4$; $\sigma = 14{,}17$
   H_2: $\quad p \leq 0{,}425 \quad$ Die Hypothese wird verworfen, falls mehr als 377 Patienten mit
   $\qquad\qquad\qquad\qquad$ Blutgruppe A gefunden werden.
   Daher wird die Hypothese verworfen, dass Personen mit Blutgruppe A höchstens so gefährdet sind wie andere Patienten (Wahrscheinlichkeit für Fehler 1. Art: 1 %).

3. $n = 800$; $p = 0{,}51$; $\mu = 408$; $\sigma = 14{,}14$
   H_1: $\quad p \geq 0{,}51 \quad$ (Der Anteil der Wähler ist nicht kleiner geworden.)
   [H_2: $\quad p < 0{,}51 \quad$ (Der Anteil der Wähler ist kleiner geworden.)]
   H_1 wird verworfen bei signifikanter Abweichung nach unten; konkret: Verwirf H_1 falls die Anzahl der Wähler der Regierungspartei kleiner ist als 385 ($= \mu - 1{,}64\sigma$).
   (Irrtumswahrscheinlichkeit 5 %)
   Daher wird H_1 verworfen und H_2 für gültig angesehen.

4. a) Untersucht wird die Hypothese
   H: $\quad$ Bei Umfragen geben höchstens so viele an, die Regierungspartei gewählt zu haben,
   $\qquad$ wie diese Wähler in der Wahl hatte.
   X: Anzahl der Peronen, die angeben, die Regierungspartei gewählt zu haben.
   $n = 1\,000$; $p = 0{,}53$; $\mu = 530$; $\sigma = 15{,}78$
   Entscheidungsregel: Verwirf H, falls $X > 555$ ($\mu + 1{,}64\sigma$).
   Das Befragungsergebnis führt zum Verwerfen der Hypothese (95 % - Niveau) und damit zur „Bestätigung" der Vermutung.
   b) H: $\quad$ Bei Umfragen ist der Anteil derer, die sich bei der letzten Wahl beteiligt haben,
   $\qquad$ höchstens so groß wie bei der Wahl selbst.
   X: Anzahl der Personen, die angeben, gewählt zu haben.
   $n = 1\,349$; $p = 0{,}91$; $\mu = 1\,227{,}6$; $\sigma = 10{,}51$
   Entscheidungsregel: Verwirf H, falls $X > 1\,244$.
   Das Befragungsergebnis führt zum Verwerfen der Hypothese (95 % - Niveau) und damit zur „Bestätigung" der Vermutung.
   (Das Ergebnis weicht sogar hochsignifikant nach oben ab: $\mu + 2{,}33\sigma = 1\,252$)

5. Hypothese: $\quad$ Der Anteil der Packungen mit Untergewicht ist höchstens so hoch wie
   $\qquad\qquad\quad$ zulässig.
   X: Anzahl der Packungen mit Untergewicht.
   $n = 300$; $p = 0{,}05$; $\mu = 15$; $\sigma = 3{,}77$
   Entscheidungsregel: Verwirf die Hypothese, falls $X > 21$ ($X > 23$).
   Das Stichprobenergebnis weicht signifikant (sogar hochsignifikant) nach oben ab.

90

6. a) Mögliche Hypothesen / Standpunkte:
    Firmeninhaber: Meine Angabe ist richtig ($p \geq 0{,}8$); davon gehe ich nur bei signifi-
    (H_1)   kanter Abweichung nach unten ab.
    Interessent: Ich vermute, dass der angegebene Anteil zu hoch ist, also $p < 0{,}8$;
    (H_2)   nur durch signifikante Abweichung nach oben lasse ich mich hiervon
                      abbringen.
    Entscheidungsregeln auf dem 95 % - Niveau.
    H_1: Verwirf H_1, falls $X < 62$.
    H_2: Verwirf H_2, falls $X > 74$; der Interessent wird also nur zugreifen, falls mehr als 74
    Schrauben brauchbar sind.
    X: Anzahl der brauchbaren Schrauben in der Stichprobe.
    $p = 0{,}8$; $n = 84$; $\mu = 67{,}2$; $\sigma = 3{,}67$

    b) **Fehler 1. Art:** Der Interessent findet zufällig mehr als 74 brauchbare Schrauben in der
    Stichprobe, obwohl der Anteil brauchbarer Schrauben höchstens 80 % beträgt.
    Konsequenz: Ein ungünstiger Kauf wird getätigt!
    Fehler 2. Art: Der Interessent findet nicht mehr als 74 brauchbare Schrauben in der
    Stichprobe, obwohl der Anteil brauchbarer Schrauben größer als 80 % ist.
    Konsequenz: Ihm entgeht eine günstige Kaufgelegenheit!

7. Von den beiden möglichen Standpunkten:
    H_1 (Hersteller):   Von meiner Werbe - Aussage, dass von höchstens 10 % der
    $p \leq 0{,}10$ Patienten das Medikament nicht vertragen wird, weiche ich nur
                                bei signifikanten Abweichungen nach oben ab.
    H_2 (kritischer Konsument): Von der kritischen Einstellung gegenüber der Werbung trete
    $p > 0{,}10$ ich nur zurück bei signifikanten Abweichungen nach unten.

    Entscheidungsregeln auf dem 99 % - Niveau.
    X: Anzahl der Patienten mit allergischen Reaktionen
    $n = 114$; $p = 0{,}1$; $\mu = 11{,}4$; $\sigma = 3{,}2$

    a) H_1: Verwirf H_1, falls $X > 18$. H_2: Verwirf H_2, falls $X < 4$.
    b) Auf dem 99 % - Niveau kann H_1 nicht verworfen werden, jedoch auf dem 95 %. Die
    hohe Anzahl an Patienten mit allergischen Reaktionen könnte den Hersteller veranlassen,
    seine Werbeaussage zu verändern.
    c) $n = 135$; $p = 0{,}1$; $\mu = 13{,}5$; $\sigma = 3{,}49$
    Durch das Ergebnis kann keine der beiden Hypothesen verworfen werden; damit ist aber
    auch keine von beiden bestätigt.

8. Mögliche Standpunkte:
    H_1 (Anbieter):   Mehr als 70 % der Glühbirnen sind in Ordnung; nur signifikante
    $p > 0{,}7$ Abweichungen nach unten überzeugen mich vom Gegenteil.
    H_2 (Kaufinteressent):   Höchstens 70 % der Glühbirnen sind in Ordnung; nur bei signifikanter
    $p \leq 0{,}7$ Abweichung nach oben verändere ich meine skeptische Einstellung.

90 X: Anzahl der brauchbaren Glühbirnen
n = 60; p = 0,7; μ = 42; σ = 3,55
Entscheidungsregeln auf 95 % - Niveau:
H_1: Verwirf H_1, falls X < 36. H_2: Verwirf H_2, falls X > 48.

a) Gemäß Entscheidungsregel für H_2 sollte gekauft werden, falls nicht mehr als 11 Glühbirnen in der Stichprobe defekt sind.

b) Falls z. B. $p = \frac{2}{3}$, dann liegt mit einer Wahrscheinlichkeit von 95 % das Ergebnis der Stichprobe im Intervall [33; 47]. Auf dem 90 % - Niveau hätte ein Ergebnis von 47 brauchbaren Glühbirnen zum Verwerfen von H_2 geführt, d. h. zum Kauf der Kartons, obwohl der Anteil brauchbarer Glühbirnen unter 70 % liegt und damit nicht vorteilhaft für den Kauf interessant ist.

c) Ein Ergebnis von 38 brauchbaren Glühbirnen kann z. B. auch eintreten, falls p = 0,74, denn 95 % - Umgebung von μ: [38; 51].
Dem Kaufinteressenten entginge ein günstiges Geschäft.

4.3 Wahrscheinlichkeit für einen Fehler 2. Art

91 1. a) Entscheidungsregel:
$p_0 = 0,4$; n = 300; $\mu_0 = 120$; $\sigma_0 = 8,49$; α = 0,10
Verwirf H_0: $p_0 = 0,4$, falls X < 107 oder X > 133;
also Annahmebereich: 107 ≤ X ≤ 133
n = 300, $p_1 = \frac{1}{3}$; $\mu_1 = 100$; $\sigma_1 = 8,16$

$$P_{p_1=\frac{1}{3}}(107 \leq X \leq 133) \approx \phi\left(\frac{133,5-100}{8,16}\right) - \phi\left(\frac{106,5-100}{8,16}\right)$$
$$\approx 1 - \phi(0,80) \approx 1 - 0,788 = 0,212$$

[$p_0 = 0,4$; n = 300; $\mu_0 = 120$; $\sigma_0 = 8,49$; α = 0,05
Verwirf H_0: $p_0 = 0,4$, falls X < 104 oder X > 136;
also Annahmebereich: 104 ≤ X ≤ 136
n = 300, $p_1 = 0,3$; $\mu_1 = 90$; $\sigma_1 = 7,94$

$$P_{p_1=0,3}(104 \leq X \leq 136) \approx \phi\left(\frac{136,5-90}{7,94}\right) - \phi\left(\frac{103,5-90}{7,94}\right)$$
$$\approx \phi(5,86) - \phi(1,70) \approx 1 - 0,955 = 0,045 \quad]$$

b) $p_0 = 0,7$; n = 400; $\mu_0 = 280$; $\sigma_0 = 9,17$; α = 0,05
Verwirf H_0: $p_0 > 0,7$, falls X < 265;
also Annahmebereich: X ≥ 265
n = 400, $p_1 = \frac{2}{3}$; $\mu_1 = 266,7$; $\sigma_1 = 9,43$

$$P_{p_1=\frac{2}{3}}(X \geq 265) = 1 - P(X \leq 264) \approx 1 - \phi\left(\frac{264,5-266,7}{9,43}\right)$$
$$\approx 1 - \phi(-0,23) \approx 0,591$$

91 1. b) $[\ p_0 = 0{,}7;\ n = 400;\ \mu_0 = 280;\ \sigma_0 = 9{,}17;\ \alpha = 0{,}10$
Verwirf H_0: $p_0 > 0{,}7$, falls $X < 269$;
also Annahmebereich: $X \geq 269$
$n = 400,\ p_1 = 0{,}6;\ \mu_1 = 240;\ \sigma_1 = 9{,}80$

$P_{p_1=0{,}6}(X \geq 269) = 1 - P(X \leq 268) \approx 1 - \phi\left(\frac{268{,}5-240}{9{,}80}\right)$

$\approx 1 - \phi(2{,}91) \approx 0{,}002\ ]$

4.4 Konfidenzintervalle

95 1. a), b) Das Stichprobenergebnis liegt im Annahmebereich aller p mit:
$0{,}5895 \leq p \leq 0{,}714$
gerundet: $0{,}590 \leq p \leq 0{,}649$ (zur sicheren Seite)

2. 95 %-Konfidenzintervall für p
   a) $0{,}621 \leq p \leq 0{,}714$ b) $0{,}745 \leq p \leq 0{,}825$ c) $0{,}081 \leq p \leq 0{,}143$

3. a) $0{,}289 \leq p \leq 0{,}382$ c) $0{,}546 \leq p \leq 0{,}642$
   b) $0{,}598 \leq p \leq 0{,}692$ d) $0{,}304 \leq p \leq 0{,}397$

4. a) exakt: $0{,}177 \leq p \leq 0{,}225$ Näherung: $0{,}176 \leq p \leq 0{,}224$
   b) $0{,}026 \leq p \leq 0{,}061$ $0{,}023 \leq p \leq 0{,}057$
   c) $0{,}0064 \leq p \leq 0{,}0154$ $0{,}0056 \leq p \leq 0{,}0144$
   d) $0{,}068 \leq p \leq 0{,}118$ $0{,}065 \leq p \leq 0{,}115$

5. 95 %-Konfidenzintervall: $0{,}671 \leq p \leq 0{,}727$
   Das Befragungsergebnis ist nicht verträglich mit $p = \frac{2}{3}$.

6. $n = 500$:   95 %-Konfidenzintervall: $0 \leq p \leq 0{,}0076$ (nicht gerundet)
   $n = 1\,000$: $0 \leq p \leq 0{,}0038$
   $n = 200$ $0 \leq p \leq 0{,}0020$

96 7. Näherungsverfahren zulässig in a), b), d).
   a) $0{,}431 \leq p \leq 0{,}584$ (exakt)   c) $0{,}966 \leq p \leq 0{,}999$ (exakt)
   b) $0{,}473 \leq p \leq 0{,}625$ (exakt)   d) $0{,}501 \leq p \leq 0{,}653$ (exakt)

8. $n = 1\,810$; $\frac{X}{n} = 0{,}078$: $0{,}067 \leq p \leq 0{,}091$
   $n = 190$; $\frac{X}{n} = 0{,}166$: $0{,}120 \leq p \leq 0{,}225$
   Da die beiden Konfidenzintervalle disjunkt zueinander sind, gibt es kein p derart, dass beide Stichprobenergebnisse damit verträglich wären.

96 9. a) A: $0{,}351 \leq p \leq 0{,}410$ B: $0{,}074 \leq p \leq 0{,}109$
  b) Koalition A/B: $0{,}440 \leq p \leq 0{,}501$
  c) Das Konfidenzintervall in b) ist schmaler als das Intervall, das man erhalten würde, wenn man die Randwerte in a) addiert.

97 10. 95 %-Konfidenzintervall: $0{,}512 \leq p \leq 0{,}539$
  Das Ergebnis ist verträglich mit p = 0,515.

11. n = 200

X	95 %-Konf.
0	[0; 0,018]
5	[0,011; 0,057]
10	[0,028; 0,089]
20	[0,066; 0,149]
40	[0,151; 0,260]
60	[0,241; 0,366]
80	[0,335; 0,469]
100	[0,432; 0,568]
120	[0,531; 0,665]
⋮	⋮

n = 500

X	95 %-Konf.
0	[0; 0,07]
10	[0,011; 0,036]
20	[0,026; 0,061]
50	[0,077; 0,129]
100	[0,168; 0,237]
150	[0,262; 0,341]
200	[0,358; 0,443]
250	[0,457; 0,543]
300	[0,557; 0,642]
⋮	⋮

n = 1 000

X	95 %-Konf.
00	[0; 0,003]
10	[0,006; 0,018]
20	[0,013; 0,030]
50	[0,039; 0,065]
100	[0,083; 0,120]
200	[0,177; 0,225]
300	[0,273; 0,329]
400	[0,371; 0,430]
500	[0,470; 0,530]
600	[0,570; 0,629]
⋮	⋮

12. a) $0{,}344 \leq p \leq 0{,}417$
  b) Druckfehler im Lehrbuch: ... zwischen 29 **7**00 und 35 **9**00 ...
   $0{,}344 \cdot 86\,320 = 29\,694 \approx 29\,700$ (zur sicheren Seite gerundet)
   $0{,}417 \cdot 86\,320 = 35\,995 \approx 35\,900$

13. a) $0{,}395 \leq p \leq 0{,}462$ b) $129\,000 \leq n \leq 150\,000$

98 14. (1) X = 72; n = 430: $0{,}136 \leq p \leq 0{,}205$
   Wenn 200 markierte Tiere einem Anteil von 13,6 % entsprechen, dann gibt es ca. 1 470 Tiere insgesamt (100 %); aus 20,5 % schließt man auf 976 Tiere.
  (2) X = 28; n = 132: $0{,}152 \leq p \leq 0{,}289$
   Analog zu (1) schließen wir, dass im Teich zwischen 416 und 789 Fische sind.

15. Aus dem Anteil von $\frac{X}{n} = 0{,}786$ in der Stichprobe vom Umfang n = 500 ergibt sich ein 95 %-Konfidenzintervall von: $0{,}748 \leq p \leq 0{,}819$.
  Aus der Einwohnerzahl von 64,4 Mio. ergibt sich dann ein Intervall von:
  48,2 Mio. $\leq M \leq$ 52,7 Mio. (mehr als 3 Stellen ist nicht sinnvoll).

4.5 Der notwendige Umfang einer Stichprobe

100 1. a) p ≈ 0,2; Genauigkeit 2 %: n ≥ 1 537
           1 %: n ≥ 6 147
   d) p ≈ 0,5; Genauigkeit 2 %: n ≥ 2 401
           1 %: n ≥ 9 604

100

2. a) $n \geq 9\,220$ b) $n \geq 3\,458$

3. a) $n \geq 66\,564$ b) $n \geq 79\,045$

4.

Anteil p	Gen. 0,01/Sicherh. 95 %	Gen. 0,01/Sicherh. 99 %
0,05 (0,95)	1 825	3 162
0,1 (0,9)	3 458	5 991
0,2 (0,8)	6 147	10 651
0,3 (0,7)	8 068	13 979
0,4 (0,6)	9 220	15 976
0,5	9 604	16 641

Anteil p	Gen. 0,02/Sicherh. 95 %	Gen. 0,02/Sicherh. 99 %
0,05 (0,95)	457	791
0,1 (0,9)	856	1 498
0,2 (0,8)	1 537	2 663
0,3 (0,7)	2 017	3 495
0,4 (0,6)	2 305	3 994
0,5	2 401	4 161

5. $p \approx 0{,}5$; Genauigkeit: 1,2 %
Sicherheitswahrscheinlichkeit 95 %: $n \geq 6\,670$ 99 %: $n \geq 11\,557$

6. $p \approx 0{,}5$; Genauigkeit: 3,3 %
Sicherheitswahrscheinlichkeit 95 %: $n \geq 882$ 99 %: $n \geq 1\,529$

7. a) $n \geq 9\,604$ b) $n \geq 7\,203$ c) 25 % weniger

8. a) $p \approx 0{,}4$; $n \geq 9\,220$:   4 % weniger
    b) $p \approx 0{,}95$; $n \geq 1\,825$:   81 % weniger
    c) $p \approx 0{,}1$; $n \geq 3\,458$:   64 % weniger

9. a) $p \approx 0{,}11$: $n \geq 941$
    b) 95 %-Konfidenzintervall für X = 170; n = 1 000:
      $0{,}148 \leq X \leq 0{,}194$
      ↑   ↑
      $\frac{X}{n} - 0{,}022$ $\frac{X}{n} + 0{,}024$
      also Genauigkeit von 0,02 nicht erreicht.
    c) (1) Konfidenzintervall-Bildung für Voruntersuchung:
          95 %-Konfidenzintervall für X = 22; n = 200: $0{,}074 \leq p \leq 0{,}160$
      (2) Dann Umfang der Hauptuntersuchung mit ungünstigstem Wert $p \approx 0{,}16$
          bestimmen: $n \geq 1\,291$
    c) (1) X = 45; n = 200   (1) X = 136; n = 200
          $0{,}173 \leq p \leq 0{,}287$ $0{,}613 \leq p \leq 0{,}740$
      (2) $p \approx 0{,}287$:   (2) $p \approx 0{,}613$:
          $n \geq 1\,966$ $n \geq 2\,279$

4.6 Exkurs: Polynomialverteilung und χ^2-Test

101 Folgende Aufgaben können mit dem χ^2-Test bearbeitet werden:

S. 76	Aufgabe 2	S. 117	Übung Nr. 11
S. 77	Übung Nr. 8 a), b)	S. 118	Übung Nr. 12 b) (1)
S. 104	Übung Nr. 1	S. 120	Übung Nr. 3 a)
S. 106	Übung Nr. 4 b), c)	S. 122	Übung Nr. 6
S. 107	Übung Nr. 5	S. 126	Übung Nr. 8 a)
S. 115	Übung Nr. 4 a) (3), Nr. 5 a) (3)		

Auch die Aufgaben

S. 123	Übung 1	S. 128	Übung 12 b)
S. 124	Übung 3	S. 129	Übung 14 c)

lassen sich im Prinzip mithilfe des χ^2-Tests bearbeiten. Wegen des Ziehens ohne Zurücklegen muss der Wert χ^2 noch mit einem Korrekturfaktor multipliziert werden. Dies gilt auch für das ursprünglich auf Seite 103 abgedruckte Rechenbeispiel; der Korrekturfaktor hätte hier $\frac{48}{43}$ betragen.

Hinweise zu diesen Aufgaben:

Die Berechnung von χ^2 erfolgt i. A. gemäß Definition.

(1) $\chi^2 = \frac{(X_1-\mu_1)^2}{\mu_1} + \frac{(X_2-\mu_2)^2}{\mu_2} + \ldots + \frac{(X_r-\mu_r)^2}{\mu_r}$

vor allem dann, wenn absolute Häufigkeiten gegeben sind. Durch Umformung erhält man auch andere äquivalente Terme:

(2) $\chi^2 = \frac{1}{n} \cdot \left(\frac{X_1^2}{p_1} + \ldots + \frac{X_r^2}{p_r} \right) - n$ bzw.

(3) $\chi^2 = n \cdot \left[\frac{\left(\frac{X_1}{n}-p_1\right)^2}{p_1} + \ldots \frac{\left(\frac{X_r}{n}-p_r\right)^2}{p_r} \right]$ (nützlich, falls relative Häufigkeiten gegeben sind).

Seite 76, Aufgabe 2

$n = 12\,582, \ r = 6 \ (f = 5)$

$\chi^2_{(3)} = 12\,582 \cdot \left[\underbrace{\frac{(0{,}403-0{,}415)^2}{0{,}415}}_{\text{CDU/CSU}} + \ldots + \underbrace{\frac{(0{,}025-0{,}035)^2}{0{,}035}}_{\text{sonst. Parteien}} \right] = 64{,}79 > 11{,}07 \ (15{,}09)$

Hochsignifikante Abweichung!

Seite 77, Übung 8a), b)

a) $n = 633, \ r = 7 \ (f = 6)$

$\chi^2_{(2)} = \frac{1}{633} \cdot \left(\frac{95^2}{\frac{1}{7}} + \ldots + \frac{62^2}{\frac{1}{7}} \right) - 633 = 13{,}07 > 12{,}59 \ (<16{,}81)$

Abweichung signifikant, aber nicht hochsignifikant.

101 b) n = 633, r = 6 (f = 5)

$$\chi^2_{(2)} = \frac{1}{633} \cdot \left(\frac{110^2}{\frac{31}{181}} + \dots + \frac{99^2}{\frac{30}{181}} \right) - 633 = 2{,}55 < 11{,}07 \qquad \text{verträglich}$$

Seite 104, Übung 1

n = 1 200

Alter: (f=3) $\chi^2_{(3)} = 1\,200 \cdot \left[\frac{(0{,}078 - 0{,}108)^2}{0{,}108} + \dots \right] = 16{,}76$ Hochsignifikante Abweichung

Familienstand: (f=3) $\chi^2 = 1\,200 \cdot \left[\frac{(0{,}584 - 0{,}570)^2}{0{,}570} + \dots \right] = 11{,}88$ Hochsignifikante Abweichung

Konfession: (f=2) $\chi^2 = 1\,200 \cdot \left[\frac{(0{,}389 - 0{,}345)^2}{0{,}345} + \dots \right] = 15{,}08$ Hochsignifikante Abweichung

Seite 106, Übung 4 b), c)

b) Wahl 1980: n = 1 261, f = 4 (einschließlich sonstiger Parteien):
  $\chi^2 = 54{,}83$ Hochsignifikante Abweichung!

  Wahl 1983: n = 904; $\chi^2 = 24{,}96$ hochsignifikant
  Wahl 1987: n = 893; $\chi^2 = 34{,}16$ hochsignifikant
  Wahl 1990: n = 869; $\chi^2 = 29{,}56$ hochsignifikant
  Wahl 1994: n = 919; $\chi^2 = 26{,}20$ hochsignifikant

c) Wahl 1980: n = 1 003; $\chi^2 = 15{,}01$ signifikant/ nicht hochsignifikant
  Wahl 1983: n = 910; $\chi^2 = 15{,}22$ signifikant/ nicht hochsignifikant
  Wahl 1987: n = 940; $\chi^2 = 25{,}84$ hochsignifikant
  Wahl 1990: n = 889; $\chi^2 = 33{,}69$ hochsignifikant
  Wahl 1994: n = 890; $\chi^2 = 32{,}26$ hochsignifikant

Seite 107, Übung 5

n = 2 000; f = 3 bzw. f = 4 (ab 1983)

Wahl	χ^2	Abweichung
1972	58,77	hochsignifikant
1976	9,73	signifikant/ nicht hochsignifikant
1980	11,3	signifikant/ nicht hochsignifikant
1983	7,75	verträglich
1987	3,82	verträglich
1990	44,52	hochsignifikant
1994	2,91	verträglich

Seite 115, Übung 4 a) (3)

n = 800; f = 2; $\chi^2_{(2)} = \frac{1}{800} \left(\frac{199^2}{0{,}25} + \frac{405^2}{0{,}5} + \frac{196^2}{0{,}25} \right) - 800 = 0{,}15$ verträglich

101 Seite 115, Übung 5a) (3)

n = 275; f = 2; $\chi^2 = 0{,}64$ verträglich

Seite 117, Übung 11

f = 3

	n	χ^2	Abweichung
Dickdarmkarzinom	1 514	3,58	verträglich
Uterushalskarzinom	1 197	1,72	verträglich
Brustkarzinom	1 600	12,31	hochsignifikant
Leukämie	655	3,59	verträglich
Magengeschwür	2 361	37,50	hochsignifikant
Gallensteine	830	4,67	verträglich
Herzfehler	1 303	0,753	verträglich
Rheuma	770	20,47	hochsignifikant

Seite 118, Übung 12 b) (1)

f = 2: $\chi^2 = \frac{1}{800}\left(\frac{425^2}{0{,}49} + \frac{289^2}{0{,}42} + \frac{86^2}{0{,}09}\right) - 800 = 12{,}07$ hochsignifikant

Seite 120, Übung 3

a) f = 11 (Kritische Werte: 19,68 (95 %) bzw. 24,73 (99 %))

Jahr 1995: $\chi^2_{(2)} = \frac{1}{765\,221} \cdot \left(\frac{63\,792^2}{\frac{31}{365}} + \ldots\right) - 765\,221 \approx 1\,763$ hochsignifikant

Jahr 1992 (Schaltjahr beachten!): $\chi^2 = 1\,727$

Jahr 1989: $\chi^2 = 903$

Jahr 1986: $\chi^2 = 962$

Jahr 1983: $\chi^2 = 1\,299$

Jahr 1980: $\chi^2 = 737$ (Schaltjahr)

Seite 122, Übung 6

n = 10 690; f = 12 (Kritische Werte: 21,03 (95 %) bzw. 26,22 (99 %))

$\chi^2 = 102{,}3$ hochsignifikant

Seite 123, Übung 1

a) Mittwochslotto Ziehung A:

n = 6 · 592 = 3 552; f = 48 (Kritische Werte: 65,16 (95 %) bzw. 73,70 (99 %));
Korrekturfaktor für χ^2 ist $\frac{48}{43}$ (gilt auch für b), c) und d)).

$p = \frac{1}{49}$ (i = 1, ... , 49); $\mu_i = \frac{3\,552}{49} = 72{,}49$; $\chi^2 = 36{,}86$ (verträglich)

Mittwochslotto Ziehung B: $\chi^2 = 39{,}07$ (verträglich)

b) n = 6 · 2 191 = 13 146; $p_i = \frac{1}{49}$; $\chi^2 = 44{,}84$ (verträglich)

c) n = 6 · 1 184 = 7 104; $p_i = \frac{1}{49}$; $\chi^2 = 34{,}05$ (verträglich)

d) n = 6 · 3 375 = 20 250; $p_i = \frac{1}{49}$; $\chi^2 = 40{,}90$ (verträglich)

101 Seite 124, Übung 3

a) (1) $n = 2\,155$; $p_i = \frac{1}{49}$; $\chi^2 = 34{,}08$ (verträglich; kein Korrekturfaktor)

(2) $n = 7 \cdot 2\,155 = 15\,085$; $p_i = \frac{1}{49}$; $\chi^2 = 40{,}12$ (verträglich; Korrekturfaktor für χ^2: $\frac{48}{42}$)

b) (1) $n = 7 \cdot 592 = 4\,144$; $p_i = \frac{1}{49}$; $\chi^2 = 29{,}25$ (verträglich; Korrekturfaktor für χ^2: $\frac{48}{42}$; gilt auch für (2), (3))

(2) $n = 4\,144$; $p_i = \frac{1}{49}$; $\chi^2 = 43{,}89$ (verträglich)

(3) $n = 8\,288$; $p_i = \frac{1}{49}$; $\chi^2 = 33{,}24$ (verträglich)

Seite 126, Übung 8 a)

a) $n = 2\,191$; $p_i = \frac{1}{49}$; $\chi^2 = 34{,}08$ (verträglich)

b) vgl. S. 103 (Beispiel χ^2-Test)

Seite 128, Übung 12 b)

$f = 37$ (Kritische Werte: 52,20 (95 %) bzw. 59,86 (99 %))

(1) $n = 1\,498$; $p_i = \frac{1}{38}$; $\chi^2 = 37{,}98$ (verträglich; Korrekturfaktor für χ^2: $\frac{37}{31}$)

(2) $n = 214$; $p_i = \frac{1}{38}$; $\chi^2 = 29{,}98$ (verträglich; kein Korrekturfaktor)

(3) $n = 1\,712$; $p_i = \frac{1}{38}$; $\chi^2 = 45{,}19$ (verträglich; Korrekturfaktor für χ^2: $\frac{37}{30}$)

Seite 129, Übung 14 c)

$f = 69$ (Kritische Werte: 89,36 (95 %) bzw. 99,20 (99 %))

$n = 20 \cdot 617 = 12\,340$; $p_i = \frac{1}{70}$; $\chi^2 = 58{,}83$ (verträglich; Korrekturfaktor für χ^2: $\frac{69}{50}$)

103 Im Nachdruck des Schülerbandes wird das Beispiel auf S. 103 unten geändert:

Beispiel *für χ^2-Test für f = 5 Freiheitsgrade:*

Ein Würfel wird 1 200-mal geworfen. Die Augenzahlen treten mit folgenden Häufigkeiten auf.

Augenzahl	abs. Häufigkeit
1	185
2	220
3	212
4	205
5	173
6	205

Wir überprüfen, ob die Ergebnisse verträglich sind mit den Erfolgswahrscheinlichkeiten $p_1 = p_2 = p_3 = p_4 = p_5 = p_6 = \frac{1}{6}$;

$n = 1\,200$

Erwartungswerte $\mu_i = n \cdot p_i = 1\,200 \cdot \frac{1}{6} = 200$

$$\chi^2 = \frac{(185-200)^2}{200} + \frac{(220-200)^2}{200} + \ldots + \frac{(205-200)^2}{200} = 7{,}74$$

Die Zahl der Freiheitsgrade beträgt $f = 6 - 1 = 5$; der kritische Wert für χ^2 ist also 11,07 (95 %-Niveau). Wegen $\chi^2 = 7{,}74 < 11{,}07$ sind die in der Tabelle angegebenen Häufigkeiten verträglich mit den Erfolgswahrscheinlichkeiten $p_1 = p_2 = \ldots = p_6 = \frac{1}{6}$.

5. Anwendungsaufgaben

5.1 Befragungen und Prognosen

104 1. Schluss von der Gesamtheit auf die Stichprobe (n = 1 200)

Merkmal/Ausprägung	p	95 %-Umgebung von p	
18 – 24 Jahre	0,108	$0{,}091 \leq \frac{X}{n} \leq 0{,}125$	*
25 – 44 Jahre	0,393	$0{,}366 \leq \frac{X}{n} \leq 0{,}420$	*
45 – 59 Jahre	0,245	$0{,}221 \leq \frac{X}{n} \leq 0{,}269$	
60 Jahre und mehr	0,253	$0{,}230 \leq \frac{X}{n} \leq 0{,}277$	
verheiratet	0,570	$0{,}543 \leq \frac{X}{n} \leq 0{,}597$	
ledig	0,280	$0{,}255 \leq \frac{X}{n} \leq 0{,}305$	*
geschieden	0,055	$0{,}043 \leq \frac{X}{n} \leq 0{,}067$	*
verwittwet	0,095	$0{,}080 \leq \frac{X}{n} \leq 0{,}110$	
evangelisch	0,345	$0{,}319 \leq \frac{X}{n} \leq 0{,}371$	*
katholisch	0,336	$0{,}310 \leq \frac{X}{n} \leq 0{,}362$	
sonstige/keine	0,319	$0{,}294 \leq \frac{X}{n} \leq 0{,}345$	*

* signifikante Abweichungen

105 2. Schluss von der Gesamtheit auf die Stichprobe
  (1) n = 1 002; Wahlbeteiligung p = 0,64; X = 848 + 53 = 901 (!);
     95 %-Umgebung von µ: $612 \leq X \leq 671$
     n = 1 062; Briefwahl p = 0,10 (16 % von 64 %); X = 53 (!)
     95 %-Umgebung von µ: $82 \leq X \leq 118$
  (2) n = 982; Wahlbeteiligung p = 0,819; $\frac{X}{n} = 0{,}933$ (!)
     95 %-Umgebung von p: $0{,}796 \leq \frac{X}{n} \leq 0{,}842$
  (3) n = 875; Wahlbeteiligung p = 0,718; $\frac{X}{n} = 0{,}915$ (!)
     95 %-Umgebung von p: $0{,}690 \leq \frac{X}{n} \leq 0{,}747$
  (4) n = 730; Wahlbeteiligung p = 0,64; X = 648 (!)
     95 %-Umgebung von µ: $442 \leq X \leq 492$
     n = 730; Briefwahl p = 0,10; X = 73 (∨)
     95 %-Umgebung von µ: $58 \leq X \leq 88$
  (5) n = 516; Wahlbeteiligung p = 0,64; X = 516 (!)
     95 %-Umgebung von µ: $309 \leq X \leq 351$
     n = 516; Briefwahl p = 0,10; X = 53 (∨)
     95 %-Umgebung von µ: $39 \leq X \leq 64$

105 3. Anregung für eine eigene Stichprobennahme
Hinweise auf Konfidenzintervalle (n = 2 000)

$\frac{X}{n}$	95 %-Konfidenzintervall
0,582	$0{,}561 \leq p \leq 0{,}603$
0,479	$0{,}458 \leq p \leq 0{,}500$
0,502	$0{,}481 \leq p \leq 0{,}523$
0,307	$0{,}288 \leq p \leq 0{,}327$
0,754	$0{,}735 \leq p \leq 0{,}772$
0,677	$0{,}657 \leq p \leq 0{,}697$
0,411	$0{,}390 \leq p \leq 0{,}432$

106 4. Schluss von der Gesamtheit auf die Stichprobe (n = 100)

a)

Jahr	p	95 %-Konfidenzintervall für μ
1980	$\frac{793}{11\,986}$	$2 \leq X \leq 11$
1985	0,029	$0 \leq X \leq 6$
1990	0,065	$2 \leq X \leq 11$
1992	0,103	$5 \leq X \leq 16$
1994	0,128	$7 \leq X \leq 19$
1996	0,123	$6 \leq X \leq 18$

b) Schluss von der Gesamtheit auf die Stichprobe (95 %-Umgebungen)

Wahl	CDU/CSU	SPD	FDP	Grüne
1980 (n = 1 261)	p = 0,445 $527 \leq X \leq 595$ * (476)	p = 0,429 $507 \leq X \leq 575$ * (639)	p = 0,106 $113 \leq X \leq 155$ * (104)	p = 0,015 $11 \leq X \leq 27$ * (37)
1983 (n = 904)	p = 0,488 $412 \leq X \leq 470$ (458)	p = 0,382 $317 \leq X \leq 373$ (353)	p = 0,070 $49 \leq X \leq 78$ * (30)	p = 0,056 $38 \leq X \leq 64$ (63)
1987 (n = 893)	p = 0,443 $367 \leq X \leq 424$ (418)	p = 0,370 $303 \leq X \leq 358$ * (374)	p = 0,091 $65 \leq X \leq 98$ * (50)	p = 0,083 $58 \leq X \leq 90$ * (51)
1990 (n = 869)	p = 0,438 $352 \leq X \leq 409$ (394)	p = 0,335 $264 \leq X \leq 318$ * (328)	p = 0,110 $78 \leq X \leq 113$ (98)	p = 0,051 $32 \leq X \leq 57$ (52)
1994 (n = 919)	p = 0,414 $352 \leq X \leq 409$ (357)	p = 0,364 $306 \leq X \leq 363$ (361)	p = 0,069 $49 \leq X \leq 78$ (63)	p = 0,073 $52 \leq X \leq 82$ * (94)

c) Wahlbeteiligung

Wahl	n	$p_{Nichtw.}$	95 %-Umgebung für μ	Stichpr.
1980	1 082	0,114	$103 \leq X \leq 143$	(79) *
1983	970	0,109	$87 \leq X \leq 124$	(60) *
1987	1 002	0,157	$135 \leq X \leq 179$	(98) *
1990	973	0,222	$191 \leq X \leq 241$	(84) *
1994	951	0,210	$176 \leq X \leq 224$	(61) *

106 4. c) Wahl der Parteien (95 %-Umgebung für p)

Wahl	CDU/CSU	SPD	FDP	Grüne
1980 (n = 1 082)	p = 0,445 $450 \leq X \leq 513$ * (391)	p = 0,429 $433 \leq X \leq 496$ (473)	p = 0,106 $95 \leq X \leq 134$ (119)	p = 0,015 $9 \leq X \leq 24$ (18)
1983 (n = 970)	p = 0,488 $443 \leq X \leq 503$ (447)	p = 0,382 $341 \leq X \leq 400$ (375)	p = 0,070 $53 \leq X \leq 83$ * (35)	p = 0,056 $41 \leq X \leq 68$ (49)
1987 (n = 1 002)	p = 0,443 $414 \leq X \leq 474$ (418)	p = 0,370 $341 \leq X \leq 400$ (374)	p = 0,091 $74 \leq X \leq 109$ * (50)	p = 0,083 $67 \leq X \leq 100$ * (51)
1990 (n = 973)	p = 0,438 $396 \leq X \leq 456$ * (394)	p = 0,335 $298 \leq X \leq 354$ (328)	p = 0,110 $88 \leq X \leq 126$ (98)	p = 0,051 $37 \leq X \leq 63$ (52)
1994 (n = 951)	p = 0,414 $364 \leq X \leq 423$ (383)	p = 0,364 $318 \leq X \leq 375$ (340)	p = 0,069 $51 \leq X \leq 80$ * (49)	p = 0,073 $54 \leq X \leq 85$ * (86)

107 5.

Wahl	CDU/CSU	SPD	FDP	Grüne
1972 (95%-Umg.)	p = 0,449 $0,428 \leq \frac{X}{n} \leq 0,470$ (0,447)	p = 0,458 $0,437 \leq \frac{X}{n} \leq 0,479$ (0,464)	p = 0,084 $0,072 \leq \frac{X}{n} \leq 0,096$ * (0,065)	
1976	p = 0,486 $0,465 \leq \frac{X}{n} \leq 0,507$ (0,485)	p = 0,426 $0,405 \leq \frac{X}{n} \leq 0,447$ (0,408)	p = 0,079 $0,084 \leq \frac{X}{n} \leq 0,108$ (0,096)	
1980	p = 0,445 $0,424 \leq \frac{X}{n} \leq 0,466$ (0,435)	p = 0,429 $0,408 \leq \frac{X}{n} \leq 0,450$ (0,435)	p = 0,106 $0,093 \leq \frac{X}{n} \leq 0,119$ (0,100)	
1983	p = 0,488 $0,467 \leq \frac{X}{n} \leq 0,509$ (0,470)	p = 0,382 $0,361 \leq \frac{X}{n} \leq 0,403$ (0,400)	p = 0,070 $0,059 \leq \frac{X}{n} \leq 0,081$ (0,062)	p = 0,056 $0,046 \leq \frac{X}{n} \leq 0,066$ (0,065)
1987	p = 0,443 $0,422 \leq \frac{X}{n} \leq 0,464$ (0,460)	p = 0,370 $0,349 \leq \frac{X}{n} \leq 0,391$ (0,360)	p = 0,091 $0,079 \leq \frac{X}{n} \leq 0,103$ (0,085)	p = 0,083 $0,071 \leq \frac{X}{n} \leq 0,095$ (0,090)
1990	p = 0,438 $0,417 \leq \frac{X}{n} \leq 0,459$ (0,425)	p = 0,335 $0,315 \leq \frac{X}{n} \leq 0,355$ (0,345)	p = 0,110 $0,097 \leq \frac{X}{n} \leq 0,123$ (0,100)	p = 0,051 $0,042 \leq \frac{X}{n} \leq 0,060$ * (0,085)
1994	p = 0,414 $0,393 \leq \frac{X}{n} \leq 0,435$ (0,410)	p = 0,364 $0,343 \leq \frac{X}{n} \leq 0,385$ (0,355)	p = 0,069 $0,058 \leq \frac{X}{n} \leq 0,080$ (0,075)	p = 0,073 $0,062 \leq \frac{X}{n} \leq 0,084$ (0,080)

108 6. 90 %-Konfidenzintervalle

Kriminalität	$0,445 \leq p \leq 0,469$	Ausländer	$0,731 \leq p \leq 0,747$
Zivildienst	$0,445 \leq p \leq 0,481$	Moral	$0,566 \leq p \leq 0,616$
Autobahn	$0,427 \leq p \leq 0,462$	Schulzeit	$0,390 \leq p \leq 0,442$

7. a)

	a Veröffentlichte Zuschauerzahl der Sendung	b Anteil unter Bundesbürgern	c Veröffentlichter Anteil	d Fernsehzuschauerzahl insgesamt	
1	10,77 Mio (1 660)	0,138	0,386	27,90 Mio (4 300)	„Mainz bleibt Mainz"
2	9,26 Mio (1 430)	0,119	0,316	29,30 Mio. (4 520)	Festkomitee
3	8,86 Mio (1 370)	0,114	0,33	26,85 Mio (4 150)	Prinzengarde
4	8,78 Mio (1 350)	0,113	0,284	30,91 Mio (4 750)	Ehrengarde
5	6,55 Mio (1 010)	0,084	0,212	30,90 Mio (4 760)	Große Mülheimer
	(b · 12 000)	a : 78 Mio		a : c (a : c)	

b) Für die Konfidenzintervall-Bestimmung wurden die in b berechneten Anteile und n = 12 000 zugrunde gelegt:

$\qquad\qquad\qquad\qquad\qquad \xrightarrow{\cdot\ 78\ \text{Mio}}$

1 $\frac{X}{n} = 0,138$: $\quad 0,132 \leq p \leq 0,144$ / $10,30$ Mio $\leq M \leq 11,23$ Mio
2 $\frac{X}{n} = 0,119$: $\quad 0,114 \leq p \leq 0,124$ / $8,90$ Mio $\leq M \leq 9,67$ Mio
3 $\frac{X}{n} = 0,114$: $\quad 0,109 \leq p \leq 0,119$ / $8,51$ Mio $\leq M \leq 9,28$ Mio
4 $\frac{X}{n} = 0,113$: $\quad 0,108 \leq p \leq 0,118$ / $8,43$ Mio $\leq M \leq 9,20$ Mio
5 $\frac{X}{n} = 0,084$: $\quad 0,080 \leq p \leq 0,089$ / $6,24$ Mio $\leq M \leq 6,94$ Mio

109 8.

	Veröffentlichte Zuschauerzahl der Sendung	Anteil unter Bundesbürgern	Veröffentlichter Anteil	Fernsehzuschauerzahl insgesamt	Konfidenzintervall
1	28,44 Mio (4 380)	0,365	0,763	37,27 Mio (5 740)	$0,355 \leq p \leq 0,373$ $(27,85 \leq M \leq 29,09)$ Mio $\qquad$ Mio
2	24,85 Mio (3 830)	0,319	0,774	32,11 Mio (4 950)	$0,311 \leq p \leq 0,327$ $(24,26 \leq M \leq 25,50)$
3	19,91 Mio (3 060)	0,255	0,627	31,75 Mio (4 880)	$0,248 \leq p \leq 0,262$ $(19,34 \leq M \leq 20,43)$
4	18,25 Mio (2 810)	0,234	0,738	24,73 Mio (3 810)	$0,227 \leq p \leq 0,241$ $(17,71 \leq M \leq 18,79)$
5	18,05 Mio (2 780)	0,231	0,533	33,86 Mio (5 210)	$0,224 \leq p \leq 0,238$ $(17,48 \leq M \leq 18,56)$

109

	Veröffentlichte Zuschauerzahl der Sendung	Anteil unter Bundesbürgern	Veröffentlichter Anteil	Fernsehzuschauerzahl insgesamt	Konfidenzintervall
7	17,52 Mio (2 700)	0,225	0,596	29,40 Mio (4 530)	$0{,}218 \leq p \leq 0{,}232$ ($17{,}01 \leq M \leq 18{,}09$)
18	13,10 Mio (2 020)	0,168	0,461	28,42 Mio (4 410)	$0{,}162 \leq p \leq 0{,}174$ ($12{,}64 \leq M \leq 13{,}57$)
31	11,08 Mio (1 700)	0,142	0,313	35,40 Mio (5 430)	$0{,}136 \leq p \leq 0{,}148$ ($10{,}61 \leq M \leq 11{,}54$)
38	10,55 Mio (1 620)	0,135	0,292	36,13 Mio (5 550)	$0{,}129 \leq p \leq 0{,}141$ ($10{,}07 \leq M \leq 10{,}99$)
39	10,48 Mio (1 610)	0,134	0,345	30,38 Mio (4 670)	$0{,}128 \leq p \leq 0{,}140$ ($9{,}99 \leq M \leq 10{,}92$)

110 9. a)

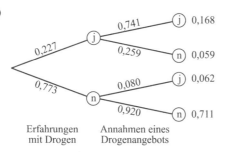

Erfahrungen mit Drogen — Annahmen eines Drogenangebots

		Annahme eines Drogenangebots		
		ja	nein	ges.
Erfahrungen mit Drogen	ja	0,168	0,059	0,227
	nein	0,062	0,711	0,773
	ges	0,230	0,770	1

Umgekehrtes Baumdiagramm:

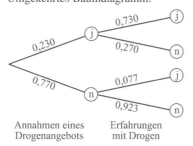

Annahmen eines Drogenangebots — Erfahrungen mit Drogen

Wenn Heranwachsenden (18 - 21 J.) illegale Drogen angeboten werden, würden ca. ein Viertel (23 %) das Angebot annehmen – so lautet das Ergebnis einer Befragung des Bundesministeriums für Gesundheit. Allerdings kommt dieser hohe Anteil von Drogenwilligen im wesentlichen durch die Drogen-Erfahrenen unter den Heranwachsenden zustande (73 %), die bereit sind, wieder zu illegalen Drogen zu greifen. Umgekehrt wird der Anteil derer, die ein Drogenangebot ablehnen würden, von der Gruppe der Jugendlichen bestimmt, die bisher keine Erfahrung mit illegalen Drogen haben (92,3 %).

110 9. b) (1) $\frac{X}{n} = 0{,}156$; $n = 3\,929$: $0{,}147 \leq p \leq 0{,}165$

Umgerechnet auf 25,05 Mio Männer: $3{,}69$ Mio $\leq M \leq 4{,}13$ Mio

$\frac{X}{n} = 0{,}282$; $n = 3\,904$: $0{,}271 \leq p \leq 0{,}294$

Umgerechnet auf 24,85 Mio Frauen: $6{,}74$ Mio $\leq M \leq 7{,}30$ Mio

(2) $\frac{X}{n} = 0{,}162$; $n = 3\,929$: $0{,}153 \leq p \leq 0{,}171$

Umgerechnet auf 25,05 Mio Männer: $3{,}83$ Mio $\leq M \leq 4{,}28$ Mio

$\frac{X}{n} = 0{,}101$; $n = 3\,904$: $0{,}094 \leq p \leq 0{,}109$

Umgerechnet auf 24,85 Mio Frauen: $2{,}34$ Mio $\leq M \leq 2{,}71$ Mio

Fehler im Lehrbuch: Es fehlt die Angabe „202 bzw. 190 Befragte".

$\frac{X}{n} = 0{,}099$; $n = 202$: $0{,}070 \leq p \leq 0{,}138$

Umgerechnet auf 1,255 Mio männl. Jugendl.: $88\,000 \leq M \leq 173\,000$

$\frac{X}{n} = 0{,}076$; $n = 190$: $0{,}050 \leq p \leq 0{,}113$

Umgerechnet auf 1,245 Mio weibl. Jugendl.: $62\,000 \leq M \leq 141\,000$

(3) $\frac{X}{n} = 0{,}282$; $n = 3\,929$: $0{,}271 \leq p \leq 0{,}293$

Umgerechnet auf 25,05 Mio Männer: $6{,}79$ Mio $\leq M \leq 7{,}34$ Mio

$\frac{X}{n} = 0{,}117$; $n = 3\,904$: $0{,}109 \leq p \leq 0{,}125$

Umgerechnet auf 24,85 Mio Frauen: $2{,}71$ Mio $\leq M \leq 3{,}11$ Mio

c) Männer:

$\frac{X}{n} = 0{,}426$; $n = 3\,929$: $0{,}414 \leq p \leq 0{,}439$ ($10{,}37$ Mio $\leq M \leq 11{,}0$ Mio)

$\frac{X}{n} = 0{,}277$; $0{,}266 \leq p \leq 0{,}288$ ($6{,}66$ Mio $\leq M \leq 7{,}21$ Mio)

$\frac{X}{n} = 0{,}297$; $0{,}286 \leq p \leq 0{,}309$ ($7{,}16$ Mio $\leq M \leq 7{,}74$ Mio)

Frauen:

$\frac{X}{n} = 0{,}294$; $n = 3\,904$: $0{,}283 \leq p \leq 0{,}306$ ($7{,}03$ Mio $\leq M \leq 7{,}60$ Mio)

$\frac{X}{n} = 0{,}229$; $0{,}219 \leq p \leq 0{,}240$ ($5{,}44$ Mio $\leq M \leq 5{,}96$ Mio)

$\frac{X}{n} = 0{,}477$; $0{,}464 \leq p \leq 0{,}490$ ($11{,}52$ Mio $\leq M \leq 12{,}18$ Mio)

10. a)

Anzahl der Geschwister	Konfidenzintervall
0	$0{,}210 \leq p \leq 0{,}230$
1	$0{,}418 \leq p \leq 0{,}442$
2	$0{,}220 \leq p \leq 0{,}241$
3	$0{,}074 \leq p \leq 0{,}087$
> 3	$0{,}036 \leq p \leq 0{,}045$

b) Fehler im Lehrbuch: Als 1. Kind geboren: **46,5 %**

Als ... Kind geboren	Konfidenzintervall
1.	$0{,}426 \leq p \leq 0{,}505$
2.	$0{,}334 \leq p \leq 0{,}397$
3.	$0{,}099 \leq p \leq 0{,}142$
4.	$0{,}023 \leq p \leq 0{,}047$

111

11. Schluss von der Gesamtheit auf die Stichprobe (n = 1 000)

Beruf/Berufsgruppe	95 %-Umgebung von μ (Überlebende)
Professor	914 ≤ X ≤ 944
Ingenieur	900 ≤ X ≤ 934
Selbstständiger	892 ≤ X ≤ 926
Lehrer	884 ≤ X ≤ 920
Verwaltung	884 ≤ X ≤ 920
Techniker	864 ≤ X ≤ 902
Landwirt	860 ≤ X ≤ 900
Arbeitgeber	845 ≤ X ≤ 887
kl. Kaufleute	830 ≤ X ≤ 874
Handelsangestellte	823 ≤ X ≤ 867
Büroangestellte	821 ≤ X ≤ 865
Facharbeiter	807 ≤ X ≤ 853
Dienstpersonal	782 ≤ X ≤ 830
ungel. Arbeiter	721 ≤ X ≤ 773
Erwerbstätige ges.	829 ≤ X ≤ 873
Nichterwerbstätige ges.	500 ≤ X ≤ 560
Männer ges.	803 ≤ X ≤ 849

12.

Schulbildung	95 %-Umgebung von μ (Überlebende)
Uni	895 ≤ X ≤ 929
Abitur	867 ≤ X ≤ 905
Mittl. Reife	829 ≤ X ≤ 873
Abgeschl. Volksschule	819 ≤ X ≤ 863
Ohne Abschluss	758 ≤ X ≤ 808

13. Schluss von der Gesamtheit auf die Stichprobe (n = 1 000)

a)

Heirat bis (Alter)	weiblich	männlich
20	151 ≤ X ≤ 197	32 ≤ X ≤ 57
25	520 ≤ X ≤ 581	307 ≤ X ≤ 364
30	693 ≤ X ≤ 748	559 ≤ X ≤ 619
35	758 ≤ X ≤ 808	668 ≤ X ≤ 724
40	781 ≤ X ≤ 829	712 ≤ X ≤ 765
45	792 ≤ X ≤ 839	729 ≤ X ≤ 781
50	799 ≤ X ≤ 845	737 ≤ X ≤ 788
55	803 ≤ X ≤ 849	741 ≤ X ≤ 792
60	805 ≤ X ≤ 851	744 ≤ X ≤ 795
überhaupt	817 ≤ X ≤ 861	748 ≤ X ≤ 798

111 13. b)

Heirat bis (Alter)	weiblich		männlich	
	p	95 %-Umgeb.	p	95 % Umgeb.
30	$\frac{1\,695}{4\,493}$	$348 \leq X \leq 407$	$\frac{2\,535}{6\,644}$	$352 \leq X \leq 411$
35	$\frac{2\,319}{4\,493}$	$486 \leq X \leq 547$	$\frac{3\,604}{6\,644}$	$512 \leq X \leq 573$
40	$\frac{2\,540}{4\,493}$	$535 \leq X \leq 596$	$\frac{4\,029}{6\,644}$	$577 \leq X \leq 636$
45	$\frac{2\,646}{4\,493}$	$559 \leq X \leq 619$	$\frac{4\,193}{6\,644}$	$602 \leq X \leq 661$
50	$\frac{2\,712}{4\,493}$	$574 \leq X \leq 633$	$\frac{4\,269}{6\,644}$	$613 \leq X \leq 672$
55	$\frac{2\,750}{4\,493}$	$582 \leq X \leq 642$	$\frac{4\,311}{6\,644}$	$620 \leq X \leq 678$
60	$\frac{2\,772}{4\,493}$	$587 \leq X \leq 647$	$\frac{4\,339}{6\,644}$	$624 \leq X \leq 682$
überhaupt	$\frac{2\,883}{4\,493}$	$612 \leq X \leq 671$	$\frac{4\,374}{6\,644}$	$629 \leq X \leq 687$

5.2 Probleme aus der Genetik

114 1. Hypothese $p = 0{,}75$

	n	Annahmebereich	
(1)	7 324	$5\,421 \leq X \leq 5\,565$	v
(2)	8 023	$5\,942 \leq X \leq 6\,093$	v
(3)	929	$671 \leq X \leq 722$	v
(4)	1 181	$857 \leq X \leq 914$	v
(5)	580	$415 \leq X \leq 455$	v
(6)	858	$619 \leq X \leq 668$	v
(7)	1 064	$771 \leq X \leq 825$	v

2. Druckfehler im Lehrbuch: 514 grüne Samen (nicht 415).

	n	Annahmebereich	
C.	1 847	$1\,349 \leq X \leq 1\,421$	v
T.	4 770	$3\,519 \leq X \leq 3\,636$	v
H.	1 755	$1\,281 \leq X \leq 1\,351$	v
B.	15 806	$11\,748 \leq X \leq 11\,961$	v
L.	1 952	$1\,427 \leq X \leq 1\,501$	v
D.	145 228	$108\,598 \leq X \leq 109\,244$	v

3. Hypothese: $p = \frac{1}{3}$

   a) Begründung: Die Individuen vom Phänotyp „runde Samen" haben zu $\frac{1}{3}$ den Genotyp rr, zu $\frac{2}{3}$ den Genotyp rk.

   r = runde Samen, k = kantige Samen

114 übrige Fälle analog:

	n	Annahmebereich
(1)	565	$167 \leq X \leq 210$
(2)	519	$152 \leq X \leq 194$
(3) - (7)	100	$25 \leq X \leq 42$

Alle Ergebnisse liegen in den Annahmebereichen.

b) Hypothese $p = 0{,}371$; $n = 100$ Annahmebereich $28 \leq X \leq 46$
(alle Ergebnisse liegen im Annahmebereich)

115 **4. a)**

	Hypothese	n	Annahmebereich
(1)	$p = 0{,}5$	972	$456 \leq X \leq 516$
(2)	$p = 0{,}5$	793	$369 \leq X \leq 424$
(3)	$p = 0{,}25$	800	$176 \leq X \leq 224$
	$p = 0{,}5$	800	$373 \leq X \leq 427$

Alle Ergebnisse liegen in den Annahmebereichen.

b) $p \approx 0{,}548$ (Allel M); $n = 6\,748 = 2 \cdot (1\,024 + 1\,665 + 685)$
$X = 2 \cdot 1\,024 + 1\,665 = 3\,713$ verträglich mit p, denn:
Annahmebereich: $3\,618 \leq X \leq 3\,778$

5 a)

	Hypothese	n	Annahmebereich
(1)	$p = 0{,}5$	379	$171 \leq X \leq 208$
(2)	$p = 0{,}5$	323	$144 \leq X \leq 179$
(3)	$p = 0{,}5$	275	$122 \leq X \leq 153$
	$p = 0{,}25$	275	$55 \leq X \leq 82$

Alle Ergebnisse liegen in den Annahmebereichen.

b) Schluss von der Gesamtheit auf die Stichprobe
(1) Bestimmung der Typen MM, MN, NN:

  $p = 0{,}776$: $p^2 = 0{,}602$: $280 \leq X \leq 322$
  (Indianer) $2pq = 0{,}348$: $154 \leq X \leq 194$
    $q^2 = 0{,}050$: $16 \leq X \leq 34$

(2) $p = 0{,}913$: $p^2 = 0{,}834$: $401 \leq X \leq 433$
  (Eskimos) $2pq = 0{,}159$: $64 \leq X \leq 95$
    $q^2 = 0{,}0076$: $0 \leq X \leq 7$

(3) $p = 0{,}43$: $p^2 = 0{,}185$: $76 \leq X \leq 109$
  (Japaner) $2pq = 0{,}490$: $224 \leq X \leq 266$
    $q^2 = 0{,}325$: $142 \leq X \leq 183$

(4) $p = 0{,}178$: $p^2 = 0{,}032$: $9 \leq X \leq 23$
  (Austral. $2pq = 0{,}293$: $127 \leq X \leq 166$
  Ureinw.) $q^2 = 0{,}676$: $318 \leq X \leq 358$

116 **6. a)** Gesamtzahl der Kinder in der Stichprobe: $n = 375$ davon 302 Rh^+, 73 Rh^-
95 %-Umgebung von $\mu = 311{,}3$: $297 \leq X \leq 325$ (Rh^+) (Ergebnis verträglich)

116 6. b) Da das Allel r rezessiv ist, müssen die Rh⁻-Kinder vom Genotyp rr sein. Die 83 % setzen sich zusammen aus den Genotypen RR (p^2) und Rr ($2pq$); also müssen die restlichen 17 % vom Genotypen rr (q^2) sein.
95 %-Umgebung von $\mu = 375 \cdot 0{,}17 = 63{,}8$: $50 \leq X \leq 78$ (Ergebnis verträglich)
(Analyse der übrigen Daten: $q^2 \approx 0{,}17$; $q \approx 0{,}41$; $p \approx 0{,}59$; $p^2 \approx 0{,}35$; $2pq \approx 0{,}48$; $p^2 + 2pq \approx 0{,}83$)

7. a) Ehetypen (nach Genotypen) mit Wahrscheinlichkeiten

		2. Partner					
		AA	A0	BB	B0	AB	00
1. Partner	AA	p^4	$2p^3r$	p^2q^2	$2p^2qr$	$2p^3q$	p^2q^2
	A0	$2p^3r$	$4p^2r^2$	$2pq^2r$	$4pqr^2$	$4p^2qr$	$2pr^3$
	BB	p^2q^2	$2pq^2r$	q^4	$2q^3r$	$2pq^3$	q^2r^2
	B0	$2p^2qr$	$4pqr^2$	$2q^3r$	$4q^2r^2$	$4pq^2r$	$2qr^3$
	AB	$2p^3q$	$4p^2qr$	$2pq^3$	$4pq^2r$	$4p^2q^2$	$2pqr^2$
	00	p^2r^2	$2pr^3$	q^2r^2	$2qr^3$	$2pqr^2$	r^4

Ehetypen	Genotypen der Kinder (mit Wahrscheinlichkeiten)
AA × AA	AA (p^4)
AA × A0	AA ($2p^3r$) A0 ($2p^3r$)
AA × BB	AB ($2p^2q^2$)
AA × B0	AB ($2p^2qr$) A0 ($2p^2qr$)
AA × AB	AA ($2p^3q$) AB ($2p^3q$)
AA × 00	A0 ($2p^2r^2$)
A0 × A0	AA (p^2r^2) A0 ($2p^2r^2$) 00 (p^2r^2)
A0 × BB	AB ($2pq^2r$) B0 ($2pq^2r$)
A0 × B0	AB ($2pqr^2$) A0 ($2pqr^2$) B0 ($2pqr^2$) 00 ($2pqr^2$)
A0 × AB	AA ($2p^2qr$) AB ($2p^2qr$) A0 ($2p^2qr$) B0 ($2p^2qr$)
A0 × 00	A0 ($2pr^3$) 00 ($2pr^3$)
BB × BB	BB (q^4)
BB × B0	BB ($2q^3r$) B0 ($2q^3r$)
BB × AB	AB ($2pq^3$) BB ($2pq^3$)
BB × 00	B0 ($2q^2r^2$)
B0 × B0	BB (q^2r^2) B0 (q^2r^2) 00 (q^2r^2)
B0 × AB	AB ($2pq^2r$) BB ($2pq^2r$) A0 ($2pq^2r$) B0 ($2pq^2r$)
B0 × 00	B0 ($2qr^3$) 00 ($2qr^3$)
AB × AB	AA (p^2q^2) AB (p^2q^2) BB (p^2q^2)
AB × 00	A0 ($2pqr^2$) B0 ($2pqr^2$)
00 × 00	00 (r^4)

116 8. a)

Population	95 %-Konfidenzintervalle für Blutgruppen			
	0	A	B	AB
Chinesen	[0,280; 0,336]	[0,226; 0,278]	[0,314; 0,372]	[0,083; 0,120]
Ägypter	[0,236; 0,313]	[0,344; 0,428]	[0,219; 0,294]	[0,067; 0,116]
Deutsche	[0,361; 0,369]	[0,421; 0,429]	[0,142; 0,148]	[0,063; 0,067]
Engländer	[0,432; 0,526]	[0,378; 0,471]	[0,061; 0,113]	[0,007; 0,030]
Isländer	[0,523; 0,591]	[0,290; 0,354]	[0,078; 0,118]	[0,018; 0,039]
Italiener	[0,418; 0,501]	[0,296; 0,374]	[0,144; 0,207]	[0,022; 0,052]
Japaner	[0,296; 0,306]	[0,378; 0,388]	[0,215; 0,223]	[0,094; 0,100]
Polynesier	[0,320; 0,412]	[0,561; 0,653]	[0,012; 0,041]	[0,002; 0,017]
Russen	[0,280; 0,361]	[0,304; 0,387]	[0,213; 0,289]	[0,066; 0,116]

b)

Population	Schätzwerte für Anteil der Allele		
	0 (r)	A (p)	B (q)
Chinesen	0,554	0,194	0,253
Ägypter	0,522	0,273	0,189
Deutsche	0,604	0,286	0,111
Engländer	0,692	0,250	0,050
Isländer	0,746	0,192	0,063
Italiener	0,677	0,205	0,109
Japaner	0,549	0,279	0,173
Polynesier	0,604	0,378	0,014
Russen	0,565	0,246	0,186

c) Je näher ein Anteil bei p = 0,5 liegt, umso größer muss der Stichprobenumfang gewählt werden.

Deutschland ($p_A \approx 0{,}425$): $n \geq 939\,000$

England ($p_0 \approx 0{,}479$): $n \geq 959\,000$

China ($p_B \approx 0{,}342$): $n \geq 865\,000$

117 9. Hypotesentests

	n	95 %-Umgebung von μ (Blutgruppe 0)	
(1)	712	$260 \leq X \leq 310$	verträglich mit p = 0,4
(2)	689	$251 \leq X \leq 300$	signifikant abweichend
(3)	356	$136 \leq X \leq 172$	verträglich mit p = 0,433
(4)	394	$152 \leq X \leq 189$	signifikant abweichend

In (1), (3) werden die folgenden Hypothesen getestet:
'Da Vater und Mutter keine inkompatiblen Blutgruppen besitzen, wirkt sich dies nicht auf die Blutgruppenanteile bei den Kindern aus',

d.h. $p = 0{,}400 \approx \frac{0}{0+A}$ bzw. $p = 0{,}433 \approx \frac{0}{0+B}$.

117

9. Werden in (2), (4) ebenfalls diese Hypothesen überprüft, dann treten signifikante Abweichungen auf.

Da jedoch Vermutungen bzgl. der Inkompatibilität vorliegen, sollte ein einseitiger Test durchgeführt werden: Zur Bestätigung der Vermutung, dass wegen der Antikörper im Blut der Mutter nicht alle Embryos der Blutgruppe A bzw. B überleben, muss die Hypothese $p \leq 0{,}400$ bzw. $p \leq 0{,}433$ durch signifikante Abweichungen **nach oben** zur Verwerfung gebracht werden. Auf dem 95 %-Niveau heißen die Entscheidungsregeln:
Verwirf $p \leq 0{,}400$, falls X > 296   bzw. verwirf $p \leq 0{,}433$, falls X > 186,
was in beiden Fällen zutrifft. Allerdings kann die Hypothese zu (4) nicht auf dem 99 %-Niveau verworfen werden, wohl aber die Hypothese zu (2).

10. Einseitige Hypothesentests
    Die Aufgaben sind analog zu Aufgabe 1 (S. 86) zu lösen.
    H_1: Menschen mit Blutgruppe A sind bzgl. der Erkrankung an Magenkrebs gefährdeter als andere.
    H_2: Menschen mit Blutgruppe A sind höchstens so gefährdet wie andere.

    Hypothese H_2 wird getestet. Wenn H_2 verworfen werden kann (signifikante Abweichungen nach oben), dann „gilt" H_1.

n	Verwirf H_2, falls		Stichprobenergebnis	signifikant
692	X > 323		349	99 %-Niveau
182	X > 97	(91)	97	95 %
196	X > 107	(101)	104	95 %
94	X > 56		57	99 %
88	X > 47	(43)	44	95 %
1 195	X > 613		617	99 %
419	X > 183	(175)	174	nicht
2 866	X > 1 338		1 442	99 %

↑   ↑
99 %   95 %-Niveau

11. Hypothesentest (zweiseitig)
    Da keine konkreten Vermutungen (vgl. Aufg. 10) formuliert sind, muss ein zweiseitiger Hypothesentest durchgeführt werden.
    H_0: Menschen mit Blutgruppe ... sind genauso gefährdet wie Menschen von Blutgruppe ... .
    d. h. die Anteile unter den an den bestimmten Krankheiten erkrankten Patienten müssen den Anteilen in der Gesamtbevölkerung entsprechen.
    Ausführliche Lösung für 'Dickdarmkarzinom' (keine signifikanten Abweichungen)
    Blutgruppen 0 und A im Vergleich:
    $p_0 = \frac{0{,}458}{0{,}458+0{,}422} = 0{,}520$;   Stichprobenanteil $h_0 = \frac{0{,}439}{0{,}439+0{,}446} = 0{,}496$
    n = 1 514, $n_0 = 0{,}885 \cdot 1\,515 = 1\,340$ (Probanden mit Blutgruppe A bzw. 0)
    Annahmebereich der Hypothese $p_0 = 0{,}520$
    auf dem 95 %-Niveau   aud dem 99 %-Niveau
    $0{,}494 \leq \frac{X}{n} \leq 0{,}546$ $0{,}486 \leq \frac{X}{n} \leq 0{,}554$

117

Vergleich Blut-gruppe 0 mit	p_0	n	h_0	95 %-Umgebung	99 %-Umgebung
B	0,837	793	0,838	[0,820; 0,855]	[0,814; 0,861]
AB	0,937	710	0,936	[0,921; 0,953]	[0,916; 0,958]
A, B, AB	0,458	1 514	0,439	[0,434; 0,478]	[0,426; 0,490]

Uterushalskarzinom (keine signifikanten Abweichungen)

A	0,468	929	0,454	[0,436; 0,499]	[0,427; 0,510]
B	0,710	613	0,688	[0,676; 0,745]	[0,664; 0,756]
AB	0,854	498	0,846	[0,824; 0,883]	[0,814; 0,893]
A, B, AB	0,368	1 197	0,352	[0,341; 0,395]	[0,333; 0,403]

Brustkarzinom (teilweise signifikante Abweichungen)

A	0,452	1 435	0,421	[0,427; 0,477] *	[0,419; 0,485]
B	0,822	714	0,848	[0,795; 0,848] (*)	[0,786; 0,858]
AB	0,915	661	0,915	[0,895; 0,934]	[0,889; 0,942]
A, B, AB	0,396	1 600	0,378	[0,373; 0,419]	[0,365; 0,427]

Leukämie (keine signifikanten Abweichungen)

A	0,553	526	0,532	[0,512; 0,595]	[0,499; 0,608]
B	0,775	381	0,735	[0,735; 0,816] (*)	[0,722; 0,829]
AB	0,920	307	0,910	[0,893; 0,947]	[0,883; 0,957]
A, B, AB	0,457	655	0,427	[0,420; 0,494]	[0,408; 0,506]

Magengeschwür (signifikante Abweichungen)

A	0,450	1 714	0,519	[0,427; 0,473] *	[0,420; 0,480] *
B	0,613	1 346	0,661	[0,588; 0,638] *	[0,579; 0,647] *
AB	0,797	1 081	0,823	[0,774; 0,820] *	[0,766; 0,827]
A, B, AB	0,322	2 361	0,377	[0,304; 0,340] *	[0,298; 0,346] *

Gallensteine (keine signifikanten Abweichungen)

A	0,447	691	0,419	[0,411; 0,483]	[0,400; 0,494]
B	0,738	383	0,757	[0,695; 0,780]	[0,682; 0,793]
AB	0,860	335	0,864	[0,824; 0,895]	[0,812; 0,907]
A, B, AB	0,363	830	0,349	[0,332; 0,395]	[0,321; 0,406]

Angeborene Herzfehler (keine signifikanten Abweichungen)

A	0,536	1 114	0,523	[0,508; 0,564]	[0,499; 0,574]
B	0,809	722	0,807	[0,782; 0,836]	[0,772; 0,846]
AB	0,925	631	0,924	[0,905; 0,944]	[0,899; 0,950]
A, B, AB	0,458	1 303	0,447	[0,432; 0,485]	[0,423; 0,493]

117 11. Rheuma (signifikante Abweichungen)

Vergleich Blut-gruppe 0 mit	p_0	n	h_0	95 %-Umgebung	99 %-Umgebung
A	0,439	578	0,357	[0,400; 0,472] *	[0,386; 0,491] *
B	0,647	330	0,626	[0,597; 0,696]	[0,582; 0,712]
AB	0,818	276	0,747	[0,776; 0,862] *	[0,761; 0,876]*
A, B, AB	0,328	770	0,268	[0,297; 0,361] *	[0,285; 0,371] *

Tuberkulose (keine signifikante Abweichungen)

A	0,465	1 188	0,490	[0,437; 0,493]	[0,429; 0,501]
B	0,583	1 011	0,576	[0,553; 0,613]	[0,544; 0,622]
AB	0,788	737	0,791	[0,760; 0,816]	[0,751; 0,826]
A, B, AB	0,319	1 771	0,329	[0,298; 0,340]	[0,291; 0,347]

Lepra (signifikante Abweichungen)

A	0,444	937	0,403	[0,414; 0,474] *	[0,403; 0,485]
B	0,582	717	0,527	[0,547; 0,617] *	[0,536; 0,629] *
AB	0,764	528	0,716	[0,730; 0,799] *	[0,718; 0,810] *
A, B, AB	0,305	1 426	0,265	[0,282; 0,328] *	[0,275; 0,335] *

118 12. a) $P(TT, Tt) \approx 0{,}70 \Rightarrow P(tt) \approx 0{,}30 = q^2$
$\Rightarrow P(t) = q \approx 0{,}548; P(T) = p \approx 0{,}452$
$\Rightarrow P(TT) = p^2 \approx 0{,}204; P(Tt) = 2pq \approx 0{,}495$

b) P (beide Schmecker) $\approx 0{,}70^2 = 0{,}49$
P (einer Schmecker) $\approx 2 \cdot 0{,}7 \cdot 0{,}3 = 0{,}42$
P (keiner Schmecker) $\approx 0{,}30^2 = 0{,}09$

(1) In einer Stichprobe von n = 800 Paaren können erwartet werden (95 %-Umgebungen):
beide Schmecker: $365 \leq X \leq 419$ überpräsentiert
einer Schmecker: $309 \leq X \leq 363$ unterpräsentiert
beide Nicht-Schmecker: $57 \leq X \leq 87$

(2) In einer Stichprobe von n = 1 059 Kindern von Schmecker-Eltern (Genotypen TT oder Tt) können erwartet werden (95 %-Umgebungen):

Vater	Mutter	Wahrsch.	Wahrscheinlichkeit Kind		
			TT	Tt	tt
TT	TT	0,042	0,042	0	0
TT	Tt	0,101	0,051	0,050	0
Tt	TT	0,101	0,050	0,051	0
Tt	Tt	0,245	0,061	0,122	0,061
		0,489	0,204	0,223	0,061

$\underbrace{\qquad}_{0{,}427}$

Anteil Schmecker unter den Kindern $\approx \frac{0{,}427}{0{,}488} \approx 0{,}875$
95 %-Umgebung von $\mu = 1\ 059 \cdot 0{,}875 : 906 \leq X \leq 947$ (verträglich)

118 12. b) (3)

Vater	Mutter	Wahrsch.	Wahrscheinlichkeit Kind Tt	tt
TT	tt	0,061	0,061	0
Tt	tt	0,149	0,075	0,074
tt	TT	0,061	0,061	0
tt	Tt	0,149	0,074	0,075
		0,420	0,271	0,149

Anteil der Nichtschmecker unter den Kindern ≈ $\frac{0,149}{0,420}$ ≈ 0,355

95 %-Umgebung von µ = 761 · 0,355: 245 ≤ X ≤ 296 (verträgliches Stichprobenergebnis)

13. Hypothese p = 0,5
    (1) n = 275;   Annahmebereich: 122 ≤ X ≤ 153
    (2) n = 60;   23 ≤ X ≤ 37
    (3) n = 60;   23 ≤ X ≤ 37

14. Punktschätzung Elterngeneration: p ≈ $\frac{52}{83}$ ≈ 0,627

    90 %-Umgebung von µ = 106 · 0,627 : 59 ≤ X ≤ 74
    Auch bei anderen Anteilen von Zungenrollern in der Elterngeneration, die sich aus dem 90 %-Konfidenzintervall ergeben [p_{min}; p_{max}], ergeben sich keine Auffälligkeiten.
    90 %-Konfidenzintervall: 0,537 ≤ p ≤ 0,708
    90 %-Umgebung von µ = 106 · 0,537 :   47 ≤ X ≤ 63 *
    90 %-Umgebung von µ = 106 · 0,708:   68 ≤ X ≤ 82

5.3. Statistik der Geburten

120 1. a) Zeitraum 1946 - 1960 Westdeutschland   n = 12 566 222, X = 6 074 400
    99 %-Konfidenzintervall *(4-stellig)*:   0,4830 ≤ p ≤ 0,4838
    analog Ostdeutschland: 0,4823 ≤ p ≤ 0,4835

Zeitraum	West	Ost
1961 - 1975	0,4861 ≤ p ≤ 0,4869	0,4853 ≤ p ≤ 0,4867
1976 - 1990	0,4857 ≤ p ≤ 0,4865	0,4847 ≤ p ≤ 0,4861
1991 -	0,4858 ≤ p ≤ 0,4870	0,4848 ≤ p ≤ 0,4884

   b) 99 %-Konfidenzintervall 0,4861 ≤ p ≤ 0,4879
      Wahrscheinlichkeit für Mädchengeburt vergleichbar mit Daten aus Deutschland nach 1961!
   c) Zeitraum 1946 - 1960 p_W ≈ 0,4834 p_O ≈ 0,4829
      95 %-Umgebung von µ = n · p, z. B. Jahr 1946:
      West [353 486; 355 163]   X = 352 589 weicht signifikant nach unten ab („su")
      Ost [90 680; 91 530]   X = 90 496 weicht signifikant nach unten ab (su)

120

1946 – 60   WEST   p = 0,4834

Jahr	µ – 1,96 σ	X	µ + 1,96 σ	Beurteilung
1946	353 486	352 589	355 163	su
1947	376 866	376 662	378 598	su
1948	388 770	387 457	390 528	su
1949	401 676	401 389	403 463	su
1950	392 034	391 891	393 800	su
1951	383 716	385 026	385 463	v
1952	385 393	386 037	387 144	v
1953	383 952	385 912	385 700	so
1954	393 576	395 162	395 345	so
1955	395 556	396 893	397 330	v
1956	412 822	414 772	414 634	so
1957	430 370	431 408	432 220	v
1958	436 279	437 604	438 142	v
1959	459 205	461 151	461 116	so
1960	467 263	470 447	469 191	so

1946 – 60   OST   p = 0,4829

Jahr	µ – 1,96 σ	X	µ + 1,96 σ	Beurteilung
1946	90 680	90 496	91 530	su
1947	118 911	119 267	119 885	v
1948	117 001	116 927	117 968	su
1949	131 801	132 232	132 826	v
1950	146 184	146 619	147 264	v
1951	149 512	149 655	150 604	v
1952	147 214	147 895	148 298	v
1953	143 806	144 188	144 877	v
1954	141 292	142 022	142 353	v
1955	141 082	141 436	142 143	v
1956	135 300	136 270	136 338	v
1957	131 466	132 106	132 490	v
1958	130 540	131 171	131 560	v
1959	140 455	141 394	141 514	v
1960	140 940	142 239	142 000	so

120 1961 – 75   WEST   p = 0,4861

Jahr	µ − 1,96 σ	X	µ + 1,96 σ	Beurteilung
1961	491 254	492 097	493 226	v
1962	494 102	494 751	496 079	v
1963	511 375	512 311	513 386	v
1964	516 869	517 458	518 891	v
1965	506 619	507 398	508 621	v
1966	509 540	510 853	511 548	v
1967	494 542	495 825	496 521	v
1968	470 441	471 623	472 370	v
1969	438 214	439 026	440 077	v
1970	393 230	394 487	394 994	v
1971	377 556	378 103	379 285	v
1972	340 021	340 877	341 661	v
1973	308 183	309 452	309 745	v
1974	303 688	304 893	305 238	v
1975	291 134	291 377	292 652	v

1961 – 75   OST   p = 0,4854

Jahr	µ − 1,96 σ	X	µ + 1,96 σ	Beurteilung
1961	145 480	145 991	146 555	v
1962	144 106	144 500	145 175	v
1963	145 797	146 298	146 873	v
1964	141 143	141 800	142 202	v
1965	135 906	135 788	136 945	su
1966	129 560	130 397	130 574	v
1967	122 225	122 802	123 210	v
1968	118 508	118 972	119 478	v
1969	115 488	115 897	116 446	v
1970	114 529	115 328	115 482	v
1971	113 531	113 932	114 481	v
1972	96 857	97 308	97 734	v
1973	87 119	87 618	87 951	v
1974	86 534	87 097	87 363	v
1975	87 827	88 143	88 663	v

120

1976 – 90 WEST p = 0,4865

Jahr	μ – 1,96 σ	X	μ + 1,96 σ	Beurteilung
1976	292 515	293 466	294 036	v
1977	282 551	282 609	284 046	v
1978	279 697	280 120	281 184	v
1979	282 376	283 809	283 871	v
1980	301 166	302 177	302 709	v
1981	303 060	303 924	304 609	v
1982	301 416	301 880	302 961	v
1983	288 300	288 922	289 811	v
1984	283 432	284 037	284 930	v
1985	284 403	286 102	285 903	so
1986	303 744	304 779	305 294	v
1987	311 540	311 351	313 110	su
1988	328 667	329 121	330 279	v
1989	330 746	332 358	332 363	v
1990	352 933	353 472	354 603	v

1976 – 90 OST p = 0,4860

Jahr	μ – 1,96 σ	X	μ + 1,96 σ	Beurteilung
1976	94 580	95 119	95 446	v
1977	107 999	108 238	108 927	v
1978	112 363	112 633	113 307	v
1979	113 858	113 818	114 809	su
1980	118 660	119 464	119 630	v
1981	114 979	115 636	115 934	v
1982	116 636	116 636	117 180	v
1983	113 142	113 572	114 089	v
1984	110 416	111 008	111 351	v
1985	110 179	110 453	111 114	v
1986	107 570	108 552	108 494	so
1987	109 360	109 947	110 291	v
1988	104 401	104 821	105 311	v
1989	96 248	96 515	97 122	v
1990	86 333	86 824	87 161	v

1991 – 96 WEST p = 0,4864

Jahr	μ – 1,96 σ	X	μ + 1,96 σ	Beurteilung
1991	350 500	351 194	352 165	v
1992	349 793	351 295	351 456	v
1993	348 394	349 352	350 054	v
1994	335 271	335 502	336 899	v
1995	330 640	331 811	332 257	v
1996	340 996	341 377	342 638	v

120 1991 – 96   OST   p = 0,4864

Jahr	µ – 1,96 σ	X	µ + 1,96 σ	Beurteilung
1991	52 117	52 727	52 760	v
1992	42 684	43 012	43 266	v
1993	38 907	39 024	39 463	v
1994	38 018	38 232	38 568	v
1995	40 515	40 681	41 082	v
1996	45 111	45 423	45 709	v

Anmerkung:
In den späteren Jahren sind die Ergebnisse fast immer verträglich mit der zugrunde gelegten Wahrscheinlichkeit p. Man beachte, dass es „normal" ist, wenn **ein** Ergebnis unter 20 (= 5 %) signifikant abweicht.

Dass unter den Daten der Jahre 1946-1960 so viele signifikanten Abweichungen auftreten (erst nach unten, später nach oben), lässt sich durch die sich schnell verändernde Wahrscheinlichkeit in den Nachkriegsjahren erklären, d. h. der Ansatz $p_W = 0,4834$ ist nicht angemessen.

2. p = 0,5130

Jahr	p – 1,96 σ/n	X/n	p + 1,96 σ/n	
1950	0,5096	0,5147	0,5164	v
1951	0,5095	0,5151	0,5165	v
1952	0,5095	0,5135	0,5165	v
1953	0,5095	0,5128	0,5165	v
1954	0,5096	0,5096	0,5164	v (su)
1955	0,5096	0,5130	0,5164	v
1956	0,5096	0,5149	0,5164	v
1957	0,5097	0,5132	0,5163	v
1958	0,5097	0,5138	0,5163	v
1959	0,5097	0,5142	0,5163	v
1960	0,5097	0,5110	0,5163	v
1961	0,5098	0,5105	0,5162	v
1962	0,5099	0,5119	0,5161	v
1963	0,5100	0,5115	0,5160	v
1964	0,5100	0,5123	0,5160	v
1965	0,5100	0,5159	0,5160	v
1966	0,5100	0,5139	0,5160	v
1967	0,5100	0,5121	0,5160	v
1968	0,5099	0,5133	0,5161	v
1969	0,5099	0,5122	0,5161	v
1970	0,5098	0,5163	0,5162	so (v)

120 3. a) Jahr 1995

	μ − 1,96 σ	X	μ + 1,96 σ	Beurteilung
Januar	64 513	63 792	65 469	su
Februar	58 246	59 078	59 158	v
März	64 513	64 265	65 469	su
April	62 424	58 170	63 366	su
Mai	64 513	61 697	65 469	su
Juni	62 424	65 065	63 366	so
Juli	64 513	69 423	65 469	so
August	64 513	68 629	65 469	so
September	62 424	67 345	63 366	so
Oktober	64 513	65 766	65 469	so
November	62 424	61 000	63 366	su
Dezember	64 513	60 991	65 469	su
		765 221		

Jahr 1992   (Schaltjahr)

	μ − 1,96 σ	X	μ + 1,96 σ	Beurteilung
Januar	68 041	69 448	69 022	so
Februar	63 634	66 329	64 586	so
März	68 041	69 054	69 022	so
April	65 837	65 138	66 804	su
Mai	68 041	67 643	69 022	su
Juni	65 837	67 418	66 804	so
Juli	68 041	72 534	69 022	so
August	68 041	71 124	69 022	so
September	65 837	70 823	66 804	so
Oktober	68 041	64 630	69 022	su
November	65 837	61 386	66 804	su
Dezember	68 041	63 587	69 022	su
		809 114		

Jahr 1989

	μ − 1,96 σ	X	μ + 1,96 σ	Beurteilung
Januar	74 266	72 834	75 291	su
Februar	67 053	69 245	68 032	so
März	74 266	75 143	75 291	v
April	71 861	71 312	72 872	su
Mai	74 266	74 690	75 291	v
Juni	71 861	72 707	72 872	v
Juli	74 266	78 785	75 291	so
August	74 266	77 921	75 291	so
September	71 861	74 803	72 872	so
Oktober	74 266	71 869	75 291	su
November	71 861	69 013	72 872	su
Dezember	74 266	72 137	75 291	su
		880 459		

120

Jahr 1986

	μ − 1,96 σ	X	μ + 1,96 σ	Beurteilung
Januar	71 538	70 286	72 545	su
Februar	64 589	64 858	65 550	v
März	71 538	70 407	72 545	su
April	69 222	71 422	70 213	so
Mai	71 538	71 707	72 545	v
Juni	69 222	70 263	70 213	so
Juli	71 538	73 911	72 545	so
August	71 538	73 132	72 545	so
September	69 222	75 288	70 213	so
Oktober	71 538	71 459	72 545	su
November	69 222	65 403	70 213	su
Dezember	71 538	70 096	72 545	su
		848 232		

Jahr 1983

	μ − 1,96 σ	X	μ + 1,96 σ	Beurteilung
Januar	69 820	69 562	70 815	su
Februar	63 038	65 977	63 987	so
März	69 820	72 287	70 815	so
April	67 559	67 723	68 539	v
Mai	69 820	71 847	70 815	so
Juni	67 559	69 888	68 539	so
Juli	69 820	71 865	70 815	so
August	69 820	72 289	70 815	so
September	67 559	70 904	68 539	so
Oktober	69 820	66 865	70 815	su
November	67 559	63 730	68 539	su
Dezember	69 620	64 996	70 815	su
		827 933		

Jahr 1980 (Schaltjahr)

	μ − 1,96 σ	X	μ + 1,96 σ	Beurteilung
Januar	72 824	72 179	73 840	su
Februar	68 108	67 873	69 093	su
März	72 824	73 306	73 840	v
April	70 466	71 803	71 467	so
Mai	72 824	75 080	73 840	so
Juni	70 466	72 224	71 467	so
Juli	72 824	77 280	73 840	so
August	72 824	73 147	73 840	v
September	70 466	73 439	71 467	so
Oktober	72 824	71 562	73 840	su
November	70 466	67 184	71 467	su
Dezember	72 824	70 712	73 840	su
		865 789		

120

	1995	1992	1989	1986	1983	1980	Ergebnisse überwiegend/ ausschließlich
Januar	su	so	su	su	su	su	su
Februar	v	so	so	v	so	su	gemischt
März	su	so	v	su	so	v	gemischt
April	su	su	su	so	v	so	gemischt
Mai	su	su	v	v	so	so	gemischt
Juni	so	so	v	so	so	so	so
Juli	so	so	so	so	so	so	so
August	so	so	so	so	so	v	so
September	so	so	so	so	so	so	so
Oktober	so	su	su	su	su	su	su
November	su	su	su	su	su	su	su
Dezember	su	su	su	su	su	su	su

3. b)

1995	$\mu - 1{,}96\,\sigma$	X	$\mu + 1{,}96\,\sigma$	Beurteilung
I	187 946	187 135	189 424	su
II	190 039	184 932	191 523	su
III	192 133	205 397	193 622	so
IV	192 133	187 757	193 622	su
		765 221		

1992	$\mu - 1{,}96\,\sigma$	X	$\mu + 1{,}96\,\sigma$	Beurteilung
I	200 410	204 831	201 936	so
II	200 410	200 199	201 936	su
III	202 619	214 481	204 149	so
IV	202 619	189 603	204 149	su
		809 114		

1989	$\mu - 1{,}96\,\sigma$	X	$\mu + 1{,}96\,\sigma$	Beurteilung
I	216 307	217 222	217 892	v
II	218 716	218 709	220 307	su
III	221 125	231 509	222 722	so
IV	221 125	213 019	222 722	su
		880 459		

1986	$\mu - 1{,}96\,\sigma$	X	$\mu + 1{,}96\,\sigma$	Beurteilung
I	208 375	205 551	209 931	su
II	210 696	213 392	212 258	so
III	213 017	222 331	214 585	so
IV	213 017	206 958	214 585	su
		848 232		

120

1983	μ – 1,96 σ	X	μ + 1,96 σ	Beurteilung
I	203 379	207 826	204 917	so
II	205 645	209 458	207 188	so
III	207 910	215 058	209 459	so
IV	207 910	195 591	209 459	su
		827 933		

1980	μ – 1,96 σ	X	μ + 1,96 σ	Beurteilung
I	214 475	213 358	216 054	su
II	214 475	219 107	216 054	su
III	216 839	223 866	218 421	so
IV	216 839	209 458	218 421	su
		865 789		

Zusammenfassung:

	1995	1992	1989	1986	1983	1980	
I	su	so	v	su	so	su	gemischt
II	su	su	su	so	so	so	gemischt
III	so	so	so	so	so	so	alle so
IV	su	su	su	su	su	su	alle su

121

4.

Land	μ – 1,96 σ	X	μ + 1,96 σ	Beurteilung
BW	55 392	55 754	56 055	v
BY	62 524	62 784	63 229	v
B	14 364	14 570	14 703	v
B-O	4 124	4 231	4 307	v
B-W	10 176	10 339	10 461	v
BB	7 238	7 288	7 479	v
HB	3 139	3 149	3 299	v
HH	7 938	7 989	8 191	v
Hs	30 077	30 301	30 567	v
MVP	5 286	5 355	5 492	v
Ns	40 373	40 523	40 940	v
NW	91 182	91 868	92 033	v
RP	19 692	19 725	20 088	v
SI	4 750	4 893	4 946	v
S	12 964	13 214	13 286	v
SA	7 725	7 826	7 974	v
SH	13 814	14 052	14 146	v
Th	7 298	7 509	7 540 v	

5. a) $0{,}01073 \leq p_z \leq 0{,}01081$

   b) $n = 809\,720$; $p_z = 0{,}0108$

      95 %-Umgebung von μ: [8 563; 8 927]   signifikante Abweichung nach unten

121 c) $P(JJ) = e \cdot p + z \cdot p^2$
$\approx \frac{1}{3} \cdot 0{,}515 + \frac{2}{3} \cdot 0{,}515^2 \approx 0{,}348$ (> 0,341)

$P(MM) = e \cdot q + z \cdot q^2$
$\approx \frac{1}{3} \cdot 0{,}485 + \frac{2}{3} \cdot 0{,}485^2 \approx 0{,}318$ (< 0,326)

d) n = 14 045 271; $p_z = 0{,}0108$
95 %-Umgebung von μ: [150 930; 152 448]   signifikante Abweichung nach oben

e) n = 154 506 $p_{JJ} = 0{,}341$ (vgl. Lehrbuch c))
95 %-Umgebung von μ: [52 322; 53 051]   signifikant
n = 154 506 $p_{JJ} = 0{,}348$ (vgl. Lösung c))
95 %-Umgebung von μ: [53 402; 54 135]   verträglich
n = 154 506 $p_{MM} = 0{,}326$ (vgl. Lehrbuch c))
95 %-Umgebung von μ: [50 008; 50 730]   signifikant
n = 154 506 $p_{MM} = 0{,}318$ (vgl. Lösung c))
95 %-Umgebung von μ: [48 775; 49 491]   signifikant

122 6. a) X: Anzahl der Mädchen; $\mu = 10\,690 \cdot P(X = k)$

wobei $P(X = k) = \binom{12}{k} 0{,}4852^k \cdot 0{,}5148^{12-k}$

k	P(X = k)	μ	σ	μ − 1,96 σ	beobachtet	μ + 1,96 σ	Beurteilung
0	0,00035	3,7	1,9	0,0	7	7,5	v
1	0,00392	41,9	6,5	29,2	60	54,5	so
2	0,02031	217,1	14,6	188,6	298	245,7	so
3	0,06382	682,2	25,3	632,7	799	731,7	so
4	0,13533	1 446,7	35,4	1 377,4	1 398	1 516,0	v
5	0,20408	2 181,6	41,7	2 099,9	2 033	2 263,3	su
6	0,22440	2 398,9	43,1	2 314,3	2 360	2 483,4	v
7	0,18129	1 937,9	39,8	1 859,9	1 821	2 016,0	su
8	0,10679	1 141,6	31,9	1 079,0	1 198	1 204,2	v
9	0,04473	478,2	21,4	436,3	521	520,1	so
10	0,01265	135,2	11,6	112,6	160	157,9	so
11	0,00217	23,2	4,8	13,7	29	32,6	v
12	0,00017	1,8	1,3	0,0	6	4,5	so
		10 690					

b)

k	$P(X_1 = k)$	$P(X_2 = k)$	Mittelwert	$P(X_3 = k)$
0	0,117	0,022	0,070	0,055
1	0,332	0,140	0,236	0,235
2	0,354	0,336	0,345	0,374
3	0,167	0,358	0,263	0,265
4	0,030	0,143	0,087	0,070

122 wobei X_i: Anzahl der Jungengeburten mit Erfolgswahrscheinlichkeit $p_1 = 0{,}415$ bzw. $p_2 = 0{,}615$ bzw. $p_3 = 0{,}515$

also: $P(X_1 = k) = \binom{4}{k} \cdot 0{,}415^k \cdot 0{,}585^{4-k}$

$P(X_2 = k) = \binom{4}{k} \cdot 0{,}615^k \cdot 0{,}385^{4-k}$

$P(X_3 = k) = \binom{4}{k} \cdot 0{,}515^k \cdot 0{,}485^{4-k}$

Das arithmetische Mittel der Verteilung von X_1 und X_2 zeigt im Vergleich zur Verteilung von X_3 die gleichen Verzerrungen wie die empirische Verteilung in Ü 5a) im Vergleich zur theoretischen: An den Rändern sind die Wahrscheinlichkeiten zu hoch, in der Mitte zu niedrig.

7. Wenn z. B. ein Junge befragt wird, ist die Anzahl der Jungen in der (seiner) Familie auf jeden Fall mindestens 1.

8. a) 90 %-Konfidenzintervall für p: $0{,}549 \leq p \leq 0{,}630$ (n = 385; $\frac{X}{n} = 0{,}59$, also X = 227)
   Da alle p aus dem Konfidenzintervall oberhalb von p = 0,5 liegen, würde die einseitige Hypothese $p \leq 0{,}5$ auf dem 95 %-Niveau verworfen.
   1. Alternative Lösung: Einseitiger Hypothesentest Verwerfungsbereich der Hypothese $p \leq 0{,}5$: Verwirf $p \leq 0{,}5$, falls $X > \mu + 1{,}64\,\sigma$ also X > 187.
   2. Alternative Lösung: Bestimmung des notwendigen Stichprobenumfangs: $n \geq 119$ ($p \approx 0{,}5$; Genauigkeit 8 %; Niveau: 95 %)

   b) Zweiseitige Hypothese p = 0,5; n = 227   Annahmebereich: $99 \leq X \leq 128$
   Das Stichprobenergebnis ist verträglich mit der Hypothese.
   Alternative Lösung zu b):
   95 %-Konfidenzintervall für p: $0{,}470 \leq p \leq 0{,}577$
   Für alle p, die in diesem Intervall liegen gilt, dass eine Hypothese über dieses p nicht verworfen werden könnte.

   c) Notwendiger Stichprobenumfang $n \geq 2\,401$, $p \approx 0{,}5$; Genauigkeit 2 %; Niveau: 95 %

5.4 Glücksspiele

123 1.

	n	μ	50 % (0,67 σ)	75 % (1,15 σ)	90 % (1,64 σ)	95 % (1,96 σ)
a)	592	72,5	[68; 77]	[64; 81]	[60; 85]	[57; 88]
b)	2 191	268,3	[259; 278]	[251; 285]	[244; 293]	[239; 298]
c)	1 184	145,0	[138; 152]	[133; 157]	[127; 163]	[123; 167]
d)	3 375	413,3	[401; 426]	[392; 435]	[383; 444]	[376; 450]

123 Von den 49 Zahlen lagen ... mit ihren Ziehungshäufigkeiten in den einzelnen Umgebungen.

		50 %	75 %	90 %	95 %
a)	A	28 (57 %)	39 (80 %)	47 (96 %)	47 (96 %)
	B	25 (51 %)	38 (78 %)	43 (88 %)	47 (96 %)
b)	Sa	29 (59 %)	41 (84 %)	44 (90 %)	46 (94 %)
c)	A + B	30 (61 %)	42 (86 %)	46 (94 %)	46 (94 %)
d)	Mi + Sa	28 (57 %)	38 (78 %)	45 (92 %)	47 (96 %)

Man beachte: Die Wahrscheinlichkeit beträgt 50 % dafür, dass eine Zahl in der 50 % - Umgebung von μ liegt.

Also kann man die Prognose machen, dass in 95 % der Fälle zwischen 18 und 31 der 49 Zahlen in dieser Umgebung liegen!

(95 %-Umgebung von $\mu = 49 \cdot 0,5 = 24,5$ wobei $\sigma = \sqrt{49 \cdot 0,5 \cdot 0,5} = 3,5$)

95 %-Umgebung für $\mu = 49 \cdot 0,75 = 36,75$; $\sigma = 3,03$: [30; 42]

$\mu = 49 \cdot 0,90 = 44,1$; $\sigma = 2,1$: [40; 48]

$\mu = 49 \cdot 0,95 = 46,55$; $\sigma = 1,53$: [44; 49]

2. p = 0,4952

n	95 %-Umgebung
200	[86; 112]
400	[179; 217]*
600	[274; 321]
800	[369; 423]
1 000	[465; 526]
1 200	[561; 628]
1 400	[657; 729]
1 600	[754; 831]
1 800	[850; 932]
2 000	[947; 1 034]*
2 191	[1 040; 1 130]

Kommentar: Alle Ergebnisse liegen in der 95 %-Umgebung von μ.
(Im Falle * wird der obere Randwert der Umgebung erreicht.)

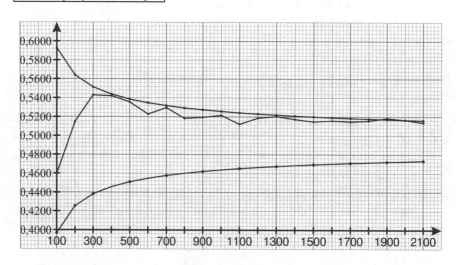

124 3. a) (1) $p = \frac{1}{49}$;   n = 2 155;   95 %-Umgebung = [32; 56]

  48 der 49 Zahlen liegen mit ihrer Ziehungshäufigkeit in der 95 %-Umgebung.

  (2) $p = \frac{7}{49}$;   n = 2 155;   95 %-Umgebung = [277; 339]

  45 der 49 Zahlen liegen mit ihrer Ziehungshäufigkeit in der 95 %-Umgebung

  b) Druckfehler im Lehrbuch: Mittwochslotto Ziehung B: Ziehungshäufigkeit der Zahl „4"
   ist **80** (nicht 88).

  (1) (2) $p = \frac{7}{49}$;   n = 592;   95 %-Umgebung = [68; 101]

  (3) $p = \frac{7}{49}$;   n = 1 184;   95 %-Umgebung = [146; 192]

  (1) 48 der 49 Zahlen bzw. (2) 46 der 49 Zahlen liegen mit ihrer Ziehungshäufigkeit in
  der 95 %-Umgebung.

  (3) 47 der 49 Zahlen liegen mit ihrer Ziehungshäufigkeit in der 95 %-Umgebung.

4. Fehler im Lehrbuch: Nur die Teilaufgabe
  (1) Untersuche die Ziehungshäufigkeiten der Gewinnzahlen
  ist lösbar, da für die Zusatzzahl nur n = 232 gilt.
  n = 252; $p = \frac{6}{49}$;   95 %-Umgebung = [21; 41]

  48 der 49 Zahlen liegen mit ihrer Ziehungshäufigkeit in der 95 %-Umgebung.

125 5. a)   n = 2 191; $p = \frac{6}{49}$; $\mu = 268{,}3$; $\sigma = 15{,}34$

  Die Häufigkeit von 261 Ziehungen als erste Zahl ist nicht ungewöhnlich.

  b) n = 2 191

k	2	3	4	5	6	7	8	9	10
p_k	0,1097	0,0980	0,0874	0,0777	0,0688	0,0608	0,0536	0,0471	0,0412
μ_k	240,4	214,7	191,4	170,2	150,7	133,2	117,4	103,2	90,3
σ_k	14,63	13,92	13,22	12,53	11,85	11,19	10,54	9,92	9,30

  Alle Häufigkeiten sind verträglich mit dem jeweiligen p_k.

  c) Wenn die Zahl k als größte gezogen wird, müssen die übrigen 5 aus der Menge
  $\{1, 2, ..., k-1\}$ stammen. Hierfür gibt es $\binom{k-1}{5}$ Möglichkeiten.

  Für k = 49 ergibt sich: $\binom{48}{5}$, für k = 48: $\binom{47}{5}$ usw.

  Symmetrieargument: Es muss genauso viele Möglichkeiten für k als größte Zahl geben
  wie für (50 − k) als kleinste Zahl, daher $p_1 = \overline{p_{49}}$, $p_2 = \overline{p_{48}}$ usw.

  Die in a) und b) bestimmten Werte für p_k, μ_k, σ_k können benutzt werden.

  Nur das erste Ergebnis (Ziehungshäufigkeit von 49 als größte Zahl) weicht signifikant
  von μ_k ab.

125 6. Da es 24 gerade und 25 ungerade Zahlen gibt, von denen 6 gezogen werden, gibt es $\binom{24}{k}\binom{25}{6-k}$ Möglichkeiten der Ziehung.

	a)	b)	
k	p_k	μ_k	σ_k
0	$\frac{177\,100}{13\,983\,816} \approx 0{,}0127$	27,8	5,24
1	$\frac{1\,275\,120}{13\,983\,816} \approx 0{,}0912$	199,8	13,48
2	$\frac{3\,491\,400}{13\,983\,816} \approx 0{,}2497$	547,1	20,26
3	$\frac{4\,655\,200}{13\,983\,816} \approx 0{,}3329$	729,4	22,06
4	$\frac{3\,187\,800}{13\,983\,816} \approx 0{,}2280$	499,5	19,64
5	$\frac{1\,062\,600}{13\,983\,816} \approx 0{,}0760$	166,5	12,40
6	$\frac{134\,596}{13\,983\,816} \approx 0{,}0096$	21,0	4,56

Alle Ergebnisse sind verträglich mit dem jeweiligen Wert von p_k

7. **a)** Die Wahrscheinlichkeit, dass *eine* bestimmte Zahl unter den 6 Glückszahlen ist, beträgt $\frac{6}{49}$, dass eine weitere Zahl unter den restlichen 5 Glückszahlen ist, dann $\frac{5}{48}$.
$\frac{6}{49} \cdot \frac{5}{48} = \frac{5}{49 \cdot 8} = \frac{5}{392}$

b) $p = \frac{5}{392}$; $n = 2\,191$; $\mu = 27{,}9$; $\sigma = 5{,}25$
95 %-Umgebung von $\mu = [18; 38]$

c) 5 % von 1 176 ≈ 59 Paare liegen nach der 95 %-Regel außerhalb der 1,96 σ-Umgebung. Also nichts Ungewöhnliches!

126 8. **a)** $n = 2\,191$; $p = \frac{1}{49}$; $\mu = 44{,}71$; $\sigma = 6{,}62$
95 %-Umgebung = [32; 57]
Alle Zahlen liegen mit ihrer Ziehungshäufigkeit in der 95 %-Umgebung.

b) $n = 2\,191$; $p = \frac{7}{49}$; $\mu = 313$; $\sigma = 16{,}38$
95 %-Umgebung = [281; 345]
Die Zahlen 43, 44, ..., 49 wurden insgesamt 306-mal als erste gezogen. Das Ergebnis ist verträglich mit $p = \frac{7}{49}$. (Es liegt sogar unter dem Erwartungswert!)

9. Viele Ergebnisse weichen signifikant vom jeweiligen μ ab:
6 Richtige: 16 Gewinner (μ = 7,5)
5 Richtige m. Z.: 18 Gewinner (μ = 41,7), 63 Gewinner (μ = 42,1), 64 Gewinner (μ = 42,1)
usw.
Vgl. Tabelle.

126

n	μ_6	σ_6	μ_{5+z}	σ_{5+z}	μ_5	σ_5
99 642 680	7,1	2,67	42,8	6,76	1 795,6	42,37
104 946 999	7,5	2,74	45,0	6,93	1 891,2	43,49
98 279 151	7,0	2,65	42,2	6,71	1 771,1	42,08
97 179 257	6,9	2,64	41,7	6,67	1 751,3	41,85
98 006 623	7,0	2,65	42,1	6,70	1 766,2	42,03
101 136 471	7,2	2,69	43,4	6,81	1 822,6	42,69
110 284 288	7,9	2,81	47,3	7,11	1 987,4	44,58
101 817 316	7,3	2,70	43,7	6,83	1 834,8	42,83
100 918 120	7,2	2,69	43,3	6,80	1 818,6	42,64
101 035 411	7,2	2,69	43,4	6,80	1 820,7	42,67

n	μ_4	σ_4	μ_{3+z}	σ_{3+z}	μ_3	σ_3
99 642 680	96 515,9	310,52	122 702,3	350,07	1 636 031,204	1 268,53
104 946 999	101 653,7	318,68	129 234,2	359,27	1 723 122,713	1 301,86
98 279 151	95 195,1	308,39	121 023,3	347,67	1 613 643,448	1 259,82
97 179 257	94 129,7	306,66	119 668,8	345,72	1 595 584,31	1 252,75
98 006 623	94 931,1	307,96	120 687,7	347,19	1 609 168,816	1 258,07
101 136 471	97 962,8	312,84	124 541,8	352,69	1 660 557,729	1 278,00
110 284 288	106 823,5	326,68	135 806,7	368,29	1 810 755,557	1 334,55
101 817 316	98 622,3	313,89	125 380,2	353,87	1 671 736,51	1 282,30
100 918 120	97 751,3	312,50	124 272,9	352,31	1 656 972,628	1 276,62
101 035 411	97 864,9	312,68	124 417,4	352,51	1 658 898,427	1 277,36

Lottospieler geben selten Zufallstipps ab!

10. a)

	n	μ_4	σ_4	$\mu_{(3+3z)}$	$\sigma_{(3+3z)}$
(1)	104 423 347	101 146,5	317,88	1 843 114,2	1 345,6
	103 928 141	100 666,8	317,13	1 834 373,7	1 342,4
	100 958 830	97 790,7	312,56	1 781 964,1	1 323,1
	99 073 952	95 965,0	309,63	1 748 695,3	1 310,7
(2)	26 601 230	25 766,5	160,44	469 522,5	679,1
	103 374 309	100 130,4	316,28	1 824 598,3	1 338,8
	104 952 028	101 658,6	318,69	1 852 445,7	1 349,0
	136 250 248	131 974,7	363,11	2 404 871,9	1 537,0

(1) Die Anzahl der Gewinntipps in den 3 ersten Beispielen weicht erheblich von μ nach oben ab; nur beim 4. Beispiel ist die Abweichung nur „signifikant" (bei 3 Richtigen nach unten!)

(2) Hier liegen die Anzahlen der Gewinntipps im 1. Beispiel deutlich über dem Erwartungswert. Beim 2. - 4. Beispiel liegt die Anzahl der Gewinntipps mit 4 Richtigen deutlich *über* dem Erwartungswert, mit 3 Richtigen deutlich *unter* dem Erwartungswert.

Auch hier wird wieder bestätigt: Keine Zufallstipps!

126 b) Es gibt $\binom{31}{6}$ = 736 281 Möglichkeiten, Tipps nur mit den Zahlen 1, 2, ..., 31 abzugeben, das sind 5,3 %. Unter n = 2 191 Wochenziehungen werden daher ca.
μ = 2 191 · 0,053 ≈ 115 Wochenziehungen dieser Art sein. Dagegen gibt es nur
$\binom{18}{6}$ = 18 564 Möglichkeiten für Tipps mit den Zahlen 32, 33, ..., 49, das sind 0,13 %.
Unter 2 191 Wochenziehungen kann mit μ = 2 191 · 0,0013 ≈ 3 solcher Wochenziehungen rechnen.

127 11.

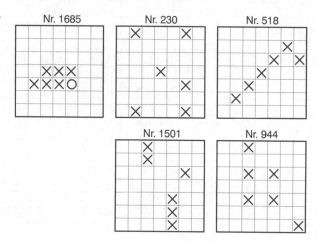

	n	μ_6	σ_6	μ_{5+z}	σ_{5+z}	μ_5	σ_5
a)	99 866 749	7,1	2,67	42,8	6,76	1 799,7	42,42
b)	150 931 641	10,8	3,29	64,8	8,31	2 719,9	52,15

	n	μ_4	σ_4	μ_{3+z}	σ_{3+z}	μ_3	σ_3
a)	99 866 749	96 732,9	310,87	122 978,3	350,47	1 639 710,189	1 269,96
b)	150 931 641	146 195,4	382,17	185 860,8	430,85	2 478 143,646	1 561,24

	n	μ_4	σ_4
c)	43 411 939	42 049,7	204,96
	61 422 945	59 495,5	243,80
	96 077 171	93 062,2	304,91
	73 891 871	71 573,1	267,40

a) Die Anzahl der Gewinntipps liegt deutlich über dem Erwartungswert – Ausnahme 3 R. + Z.
b) Die Anzahl der Gewinntipps liegt deutlich über dem Erwartungswert.
c) Bei 1. Beispiel liegt die Anzahl der Gewinntipps **unter** dem Erwartungswert (Begründung: 1960 wurden überwiegend andere Tippzettel-Formate verwendet!)
In den nächsten 3 Beispielen liegt die Anzahl der Gewinntipps deutlich über dem Erwartungswert.

128 12. a)

Rang	Wahrscheinlichkeit
7 Richtige	$\dfrac{\binom{7}{7}\binom{31}{0}}{\binom{38}{7}} = \dfrac{1}{12\,620\,256} = p_1$
6 Richtige m. Z.	$\dfrac{\binom{7}{7}\binom{1}{1}\binom{30}{0}}{\binom{38}{7}} = \dfrac{7}{12\,620\,256} = p_2$
6 Richtige o. Z.	$\dfrac{\binom{7}{6}\binom{1}{0}\binom{30}{1}}{\binom{38}{7}} = \dfrac{210}{12\,620\,256} = p_3$
5 Richtige	$\dfrac{\binom{7}{5}\binom{31}{2}}{\binom{38}{7}} = \dfrac{9\,765}{12\,620\,256} = p_4$
4 Richtige	$\dfrac{\binom{7}{4}\binom{31}{3}}{\binom{38}{7}} = \dfrac{157\,325}{12\,620\,256} = p_5$
< 4 Richtige	$\dfrac{12\,452\,948}{12\,620\,256} \approx 98{,}67\%$

b) (1) n = 214; $p = \dfrac{7}{38}$; μ = 39,42; σ = 5,67

(2) n = 214; $p = \dfrac{1}{38}$; μ = 5,63; σ = 2,34

(3) n = 214; $p = \dfrac{8}{38}$; μ = 45,05; σ = 5,96

95 %-Umgebungen: (1) [29; 50]   (2) [2; 10];   (3) [34; 56]

(1) 34 der 38 Lottozahlen liegen mit ihren Ziehungshäufigkeiten innerhalb der 95 %-Umgebung.
(2) 37 der 38 Zusatzzahlen liegen mit ihren Ziehungshäufigkeiten innerhalb der 95 %-Umgebung.
(3) 33 der 38 Zahlen liegen mit ihren Ziehungshäufigkeiten innerhalb der 95 %-Umgebung.

128 c) (1) Da zwischen den 7 Lottozahlen 6 Zwischenräume liegen müssen, werden die 7 Zahlen aus 38 − 6 = 32 Zahlen ausgewählt.

(2) $p = 1 - \dfrac{\binom{32}{7}}{\binom{38}{7}} = 1 - \dfrac{3\,365\,856}{12\,620\,256} = 0{,}7333$

n = 192;   p = 0,7333;   μ = 140,8;   σ = 6,13
Das Ergebnis ist verträglich mit p.

d) n = 30 000 000; 95 %-Umgebungen für die Anzahl der Gewinner (p vgl. 12 a))

Rang	95 %-Umgebung
7 Richtige	[0; 5]
6 Richtige m. Z.	[9; 24]
6 Richtige o. Z.	[456; 542]
5 Richtige	[22 915; 23 511]
4 Richtige	[372 791; 375 173]

e) E (Auszahlung) = 473 259,60 · p_1 + 33 804,20 · p_2 + ... + 6,50 · p_5
   = 0,2498 ≈ 0,25 DM   Die Hälfte des Einsatzes!
also: E (Gewinn) = − 0,25 DM

13. a) (1) Da nur 1 der 10 Ziffern gewinnt, ist die Wahrscheinlichkeit für diesen Gewinnrang
$\dfrac{1}{139\,838\,160} \approx 1 : 140$ Mio.

(2)

Anzahl der richtigen Endziffern	Wahrscheinlichkeit Spiel 77	Super 6
7	$\dfrac{1}{10\,000\,000}$	−
6	$\dfrac{9}{10\,000\,000}$	$\dfrac{1}{1\,000\,000}$
5	$\dfrac{90}{10\,000\,000}$	$\dfrac{9}{1\,000\,000}$
4	$\dfrac{900}{10\,000\,000}$	$\dfrac{90}{1\,000\,000}$
3	$\dfrac{9\,000}{10\,000\,000}$	$\dfrac{900}{1\,000\,000}$
2	$\dfrac{90\,000}{10\,000\,000}$	$\dfrac{9\,000}{1\,000\,000}$
1	$\dfrac{900\,000}{10\,000\,000}$	$\dfrac{90\,000}{1\,000\,000}$

(3) Spiel 77
E (mind. Auszahlung) = 377 777 · $\dfrac{1}{10\text{ Mio.}}$ + ... + 5 · $\dfrac{900\,000}{10\text{ Mio.}}$ ≈ 0,92 DM

E (tatsächl. Auszahlung) = 1 315 000 · $\dfrac{1}{10\text{ Mio.}}$ + ... ≈ 1,01 DM

Super 6
E (Auszahlung) = 100 000 · $\dfrac{1}{10\text{ Mio.}}$ + ... + 5 · $\dfrac{90\,000}{10\text{ Mio.}}$ ≈ 0,91 DM

129 13. b)

	95 %-Umgebungen für Anzahl der Gewinner mit	
	2 richtige Endzahlen	1 richtige Endzahl
(1)	[91 951; 93 138]	[923 646; 927 243]
(2)	[87 746; 88 905]	[881 495; 885 008]
(3)	[105 654; 106 925]	[1 060 970; 1 064 824]
(4)	[88 871; 90 037]	[892 770; 896 306]
(5)	[88 505; 89 668]	[889 102; 892 630]

14. a) *10 Zahlen*

$$P(10 \text{ Richtige}) = \frac{\binom{20}{10}\binom{50}{0}}{\binom{70}{10}} = \frac{184\,756}{3{,}967 \cdot 10^{11}} \approx \frac{1}{2\,147\,181}$$

$$P(9 \text{ Richtige}) = \frac{\binom{20}{9}\binom{50}{1}}{\binom{70}{10}} = \frac{8\,398\,000}{3{,}967 \cdot 10^{11}} \approx \frac{1}{47\,238}$$

⋮

$$P(0 \text{ Richtige}) = \frac{\binom{20}{0}\binom{50}{10}}{\binom{70}{10}} = \frac{1{,}027 \cdot 10^{10}}{3{,}967 \cdot 10^{11}} \approx \frac{1}{39}$$

b) Druckfehler im Lehrbuch:
Die Gewinne bei *8 numeros* betragen: **250 000 F, 2 500 F**, 100 F, 20 F.

10 Zahlen

$$E(\text{Auszahlung}) = \frac{2\,000\,000}{2\,147\,181} + \frac{25\,000}{47\,238} + \ldots \approx 5{,}55 \text{ F}$$

9 Zahlen

$$E(\text{Auszahlung}) = \frac{1\,000\,000}{387\,197} + \frac{5\,000}{10\,325} + \ldots \approx 5{,}49 \text{ F}$$

8 Zahlen

$$E(\text{Auszahlung}) = \frac{250\,000}{74\,941} + \frac{2\,500}{2\,436} + \ldots \approx 5{,}51 \text{ F}$$

7 Zahlen $E(\text{Auszahlung}) \approx 5{,}56$ F
6 Zahlen $E(\text{Auszahlung}) \approx 5{,}64$ F
5 Zahlen $E(\text{Auszahlung}) \approx 5{,}78$ F
4 Zahlen $E(\text{Auszahlung}) \approx 5{,}77$ F
3 Zahlen $E(\text{Auszahlung}) \approx 5{,}42$ F
2 Zahlen $E(\text{Auszahlung}) \approx 4{,}62$ F

c) $n = 617$; $p = \frac{20}{70}$; $\mu = 176{,}3$; $\sigma = 11{,}22$ 95 %-Umgebung = [155; 198]

Nur 3 der 70 Zahlen liegen mit ihren Ziehungshäufigkeiten außerhalb der 95 %-Umgebung.

130 **15. a)** 95 %-Konfidenzintervalle
(1)   X = 662 $0{,}638 \leq p \leq 0{,}686$
(2)   X = 645 $0{,}620 \leq p \leq 0{,}669$
(3)   X = 660 $0{,}636 \leq p \leq 0{,}684$
(4)   X = 621 $0{,}596 \leq p \leq 0{,}645$
(5)   X = 631 $0{,}606 \leq p \leq 0{,}655$

Der Bereich $0{,}638 \leq p \leq 0{,}645$ ist in allen Konfidenzintervallen enthalten, d. h. liegt das wahre p tatsächlich im Bereich $0{,}638 \leq p \leq 0{,}645$, dann wären alle Ergebnisse verträglich mit diesem p.
(Anmerkung: Insgesamt wurden 5 000 Versuche durchgeführt; davon gewann der beginnende Spieler 3 219. Das 95 %-Konfidenzintervall für p, das sich hieraus ergibt, ist: $0{,}633 \leq p \leq 0{,}654$.)

b)

Anzahl der Spielfelder	95 %-Konfidenzintervall
2	$0{,}865 \leq p \leq 0{,}884$
3	$0{,}754 \leq p \leq 0{,}771$
4	$0{,}678 \leq p \leq 0{,}701$
5	$0{,}633 \leq p \leq 0{,}682$
6	$0{,}633 \leq p \leq 0{,}654$
9	$0{,}601 \leq p \leq 0{,}618$
12	$0{,}578 \leq p \leq 0{,}600$
15	$0{,}563 \leq p \leq 0{,}587$
18	$0{,}540 \leq p \leq 0{,}575$
30	$0{,}525 \leq p \leq 0{,}575$
60	$0{,}458 \leq p \leq 0{,}572$

c) 2 Spielfelder

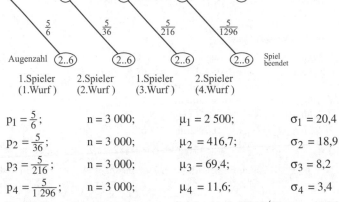

$p_1 = \frac{5}{6}$;   n = 3 000; $\mu_1 = 2\,500$; $\sigma_1 = 20{,}4$

$p_2 = \frac{5}{36}$;   n = 3 000; $\mu_2 = 416{,}7$; $\sigma_2 = 18{,}9$

$p_3 = \frac{5}{216}$;   n = 3 000; $\mu_3 = 69{,}4$; $\sigma_3 = 8{,}2$

$p_4 = \frac{5}{1\,296}$; n = 3 000; $\mu_4 = 11{,}6$; $\sigma_4 = 3{,}4$

Der Computer bevorzugt den ersten Spieler im 1. Wurf $(X_1 > \mu_1 + 1{,}96\sigma_1)$; dadurch ist der zweite Spieler (im 2. Wurf) benachteiligt $(X_2 < \mu_2 - 1{,}96\sigma_2)$.

130

3 Spielfelder
Schon bei 3 Spielfeldern wird das Baumdiagramm (wegen der Hinauswerf-Regel) kompliziert.

$p_1 = \frac{2}{3}$;	$n = 6\,000$;	$\mu_1 = 4\,000$;	$\sigma = 36{,}5$
$p_2 = \frac{2}{9}$;	$n = 6\,000$;	$\mu_2 = 1\,333{,}3$;	$\sigma = 32{,}2$
$p_3 = \frac{1}{12}$;	$n = 6\,000$;	$\mu_3 = 500$;	$\sigma = 21{,}4$
$p_4 = \frac{5}{324}$;	$n = 6\,000$;	$\mu_4 = 92{,}6$;	$\sigma = 9{,}5$

Die Daten für den 3. und 4. Wurf sind ungewöhnlich ($X_3 > \mu_3 + 1{,}96\sigma_3$; $X_4 < \mu_4 - 1{,}96\sigma_4$).

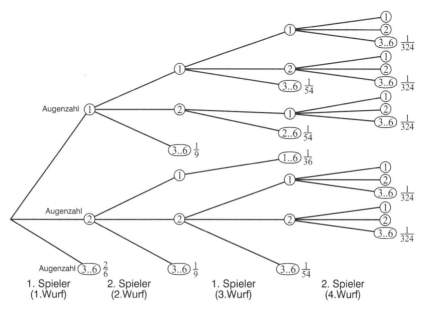

1. Spieler (1. Wurf)   2. Spieler (2. Wurf)   1. Spieler (3. Wurf)   2. Spieler (4. Wurf)

Die Lösung für mehr als 3 Spielfelder erfolgt entsprechend.

4 Spielfelder

$p_1 = \frac{1}{2}$;	$n = 4\,000$;	$\mu = 2\,000$;	$\sigma = 31{,}6$
$p_2 = \frac{1}{4}$;	$n = 4\,000$;	$\mu = 1\,000$;	$\sigma = 27{,}4$
$p_3 = \frac{13}{72}$;	$n = 4\,000$;	$\mu = 722{,}2$;	$\sigma = 24{,}3$
$p_4 = \frac{61}{1\,296}$;	$n = 4\,000$;	$\mu = 188{,}3$;	$\sigma = 13{,}4$

Alle Ergebnisse sind mit diesen berechneten Wahrscheinlichkeiten verträglich.

5 Spielfelder

$p_1 = \frac{1}{3}$;	$n = 1\,000$;	$\mu = 333{,}3$;	$\sigma = 14{,}9$
$p_2 = \frac{2}{9}$;	$n = 1\,000$;	$\mu = 222{,}2$;	$\sigma = 13{,}1$
$p_3 = \frac{61}{216}$;	$n = 1\,000$;	$\mu = 282{,}4$;	$\sigma = 14{,}2$
$p_4 = \frac{8}{81}$;	$n = 1\,000$;	$\mu = 98{,}8$;	$\sigma = 9{,}4$

Die absolute Häufigkeit für die Spiele, die mit dem 4. Wurf beendet waren, ist ungewöhnlich ($X_4 > \mu_4 + 1{,}96\sigma_4$).

130 6 Spielfelder

$p_1 = \frac{1}{6}$; $n = 5\,000$; $\mu_1 = 833{,}3$; $\sigma_1 = 26{,}4$

$p_2 = \frac{5}{36}$; $n = 5\,000$; $\mu_2 = 694{,}4$; $\sigma_2 = 24{,}5$

$p_3 = \frac{85}{216}$; $n = 5\,000$; $\mu_3 = 1\,967{,}6$; $\sigma_3 = 34{,}5$

$p_4 = \frac{215}{1\,296}$; $n = 5\,000$; $\mu_4 = 829{,}5$; $\sigma_4 = 26{,}3$

Kein Ergebnis ist ungewöhnlich.

9 Spielfelder

$p_3 = \frac{25}{108}$; $n = 8\,000$; $\mu_3 = 1\,851{,}9$; $\sigma_3 = 37{,}7$

$p_4 = \frac{245}{1\,296}$; $n = 8\,000$; $\mu_4 = 1\,512{,}3$; $\sigma_4 = 35{,}0$

Die absolute Häufigkeit X_4 liegt (ein wenig) unterhalb $\mu_4 - 1{,}96\sigma_4$.

16. $p = 0{,}5$; $n = 200$; $\mu = 100$; $\sigma = 7{,}07$
90 %-Umgebung = [89; 111]
95 %-Umgebung = [87; 113]
99 %-Umgebung = [82; 118]
89-mal Wappen bedeutet: 89-mal nach rechts, 111-mal nach links rücken.
Der Gewinn G ist dann: $G = 89 - 111 = -22$. Daher ist:
$P(-22 \le G \le +22) \approx 0{,}90$
$P(-26 \le G \le +26) \approx 0{,}95$
$P(-36 \le G \le +36) \approx 0{,}99$

5.5 Sprache und Namen

131 **1. a)** (1) $p_S = \frac{4\,606\,019}{31\,946\,432} \approx 0{,}144$; $p_M \approx 0{,}066$; $p_E \approx 0{,}024$

	S	M	E
Köln	[69 740; 70 530]	[31 920; 32 480]	[11 720; 12 060]
Leverkusen	[9 986; 10 290]	[4 547; 4 762]	[1 652; 1 785]
Leichlingen	[1 685; 1 811]	[758; 847]	[269; 324]

b)

	S	M	E
Köln	65 670 (s. u.)	32 106 (v.)	12 162 (s. o.)
Leverkusen	9 974 (s. u.)	4 781 (s. o.)	1 617 (s. u.)
Leichlingen	1 625 (s. u.)	728 (s. u.)	170 (s. u.)

s. u. – signifikante Abweichung nach unten
s. o. – signifikante Abweichung nach oben
v   – verträglich
Es gibt große regionale Unterschiede!

131 2. a) $0{,}1484 \leq p_S \leq 0{,}1500$ $0{,}0670 \leq p_M \leq 0{,}0682$ $0{,}0243 \leq p_E \leq 0{,}0251$

b) 90 %-Umgebung für n = 837 und
$p_S = 0{,}14923$:   [108; 141]   (v.)
$p_M = 0{,}06755$ [45; 68]   (v.)
$p_E = 0{,}02465$ [14; 27]   (v.)
Da n relativ klein ist, ist die 90 %-Umgebung ziemlich groß und daher sind die Ergebnisse verträglich (trotz a)).

132 3. a) $0{,}00985 \leq p_{\text{Müller}} \leq 0{,}01031$ [598 000; 625 000]
$0{,}00964 \leq p_{\text{Schmid}} \leq 0{,}01010$ [585 000; 612 000]
$0{,}00768 \leq p_{\text{Maier}} \leq 0{,}00808$ [466 000; 490 000]
$0{,}00407 \leq p_{\text{Schneider}} \leq 0{,}00437$ [247 000; 265 000]
$0{,}00370 \leq p_{\text{Hoffmann}} \leq 0{,}00398$ [225 000; 241 000]
$0{,}00365 \leq p_{\text{Fischer}} \leq 0{,}00393$ [222 000; 238 000]

b) n = 1 000;   90 %-Umgebung für μ
München   [3; 11]
Frankfurt   [3; 14]
Köln   [4; 15]
Hamburg   [2; 11]
Leipzig   [6; 19]
Berlin   [3; 13]

4. a) n = 11 133; X = 6 671 bzw. 3 867 bzw. 539 bzw. 56
1 Vorname $0{,}592 \leq p \leq 0{,}606$ [472 000; 482 000]
2 Vornamen $0{,}340 \leq p \leq 0{,}354$ [271 000; 281 000]
3 Vornamen $0{,}046 \leq p \leq 0{,}051$ [36 700; 40 500]
> 3 Vornamen $0{,}0040 \leq p \leq 0{,}0062$ [3 190; 4 930]

5. a) Mit einer Wahrscheinlichkeit von 95 % gilt: $\left|\frac{X}{n} - p\right| \leq 1{,}96 \frac{\sigma}{n}$.
Für die Schätzung soll gelten: $\left|\frac{X}{n} - p\right| \leq 0{,}0001$.
In 95 % der Fälle weicht also $\frac{X}{n}$ um höchstens 0,01 % von p ab, falls
$1{,}96 \frac{\sigma}{n} \leq 0{,}0001$, d. h. $n \geq \frac{3{,}84 \cdot p \cdot q}{0{,}0001^2}$ n hängt also von p ab, z. B.
Für p ≈ 0,1515 (Interpunktionen):   n ≥ 49,4 Mio.
Für p ≈ 0,0096 (k):   n ≥ 3,65 Mio.
Für p ≈ 0,0016 (j):   n ≥ 613 000.
Für p ≈ 0,0001 (q bzw. X):   n ≥ 38 400.

133 b) Die Tabelle aus a) muss umgerechnet werden, da hier keine Interpunktionen/Zwischenräume betrachtet werden:

	p	90 %-Umgebung für p	
e	0,1732*	[0,167; 0,180]	s. o.
n	0,0808	[0,100; 0,109]	s. u.
r	0,0808	[0,077; 0,085]	s. u.
i	0,0752	[0,071; 0,079]	v.
t	0,0557	[0,052; 0,059]	s. o.
s	0,0635	[0,060; 0,067]	v.
d	0,0517	[0,049; 0,055]	(s. o.)
u	0,0376	[0,035; 0,040]	s. o.
a	0,0510	[0,048; 0,054]	s. u.
h	0,0514	[0,048; 0,055]	s. u.
l	0,0345	[0,032; 0,037]	s. o.
c	0,0315	[0,029; 0,034]	v

$* \; p = \dfrac{0,1470}{0,8485} = 0,1732$

6. a) In 95 % der Fälle weicht $\dfrac{X}{n}$ um höchstens 0,5 % von p ab, falls

$1,96 \dfrac{\sigma}{n} \leq 0,005 \Leftrightarrow n \geq \dfrac{3,84 \cdot p \cdot q}{0,005^2}$.

Ungünstiger Fall: $p \approx 0,5 : n \geq 38\,400$

b) n = 2 600   90 %-Umgebung von μ

einsilbig	p = 0,55	[1 389; 1 471]	s. u.
zweisilbig	p = 0,31	[768; 844]	v.
dreisilbig	p = 0,09	[211; 257]	(s. o.)
mehr als 3 Silben	p = 0,05	[112; 148]	s. u.

c)
k	95 %-Konfidenzintervall
2	$0,066 \leq p \leq 0,086$
3	$0,279 \leq p \leq 0,314$
4	$0,111 \leq p \leq 0,136$
5	$0,136 \leq p \leq 0,163$
6	$0,101 \leq p \leq 0,124$
7	$0,066 \leq p \leq 0,086$
8	$0,040 \leq p \leq 0,055$
> 8	$0,111 \leq p \leq 0,135$

5.6 Verschiedene Gebiete

133 1.

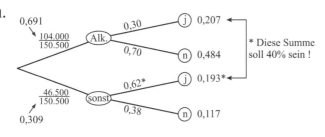

Grund für MPU — Bestehen der Prüfung

Vierfeldertafel		Bestehen der Prüfung		Summe
		ja	nein	
Grund für MPU	Alkohol	0,207	0,484	0,690
	Sonstiges	0,193	0,117	0,310
	Summe	0,400	0,600	1

Umgekehrtes Baumdiagramm:

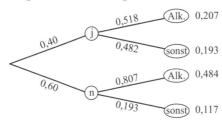

Text:
Nur 40 % der Kraftfahrer, die sich einer MPU unterziehen mussten, bestanden diesen Test. 81 % der Personen, die den Test nicht bestanden, waren Kraftfahrer, die wegen ihres Alkoholkonsums zum Test geschickt wurden; dagegen machte diese Gruppe unter den Personen, die den Test bestanden, nur 52 % aus.

134 2. Hypothese: Das Datum spielt keine Rolle. Die 2 860 Unfälle verteilen sich zufällig auf die 52 Freitage eines Jahres.

1. Ansatz Kugel-Fächer-Modell:

$n = 2860$; $p = \frac{1}{52}$:   95 %-Umgebung von μ: [41; 69]

37 Unfälle: signifikante Abweichung von μ
52 Unfälle: keine signifikante Abweichung

2. Ansatz:

$n = 2860$; $p = \frac{1}{26}$ (Zusammenfassen der beiden Freitage, die auf einen 13. im Monat fallen: 95 %-Umgebung   [90; 130]

Die Zahl von 89 Unfällen weicht signifikant nach unten ab.

134 3.

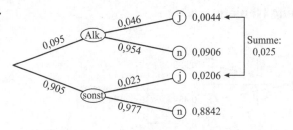

		Todesfolge		
		ja	nein	Summe
Unfall-ursache	Alkohol	0,0044	0,0906	0,095
	Sonstiges	0,0206	0,8842	0,905
	Summe	0,025	0,975	1

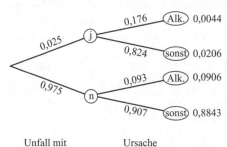

Bei den 388 003 Unfällen des Jahres 1995 mit Personenschaden wurden 9 700 Menschen tödlich verletzt (2,5 %). Bei 17,6 % dieser tödlichen Unfälle spielte Alkohol eine Rolle, während bei 9,3 % der Unfälle ohne Todesfolge Alkohol die Ursache war.

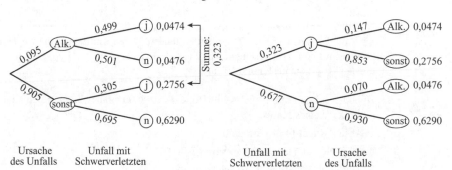

134 4.

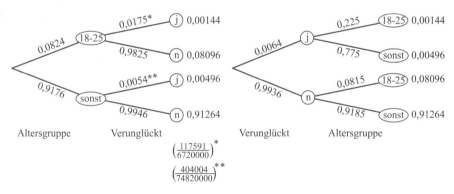

0,64 % aller Einwohner Deutschlands wurden 1995 in einem Verkehrsunfall verletzt; hiervon war 22,5 % zwischen 18 und 25 Jahren alt. Unter den Einwohnern Deutschlands, die nicht in einem Verkehrsunfall verletzt wurden, macht die Altersgruppe nur 8,15 % aus!

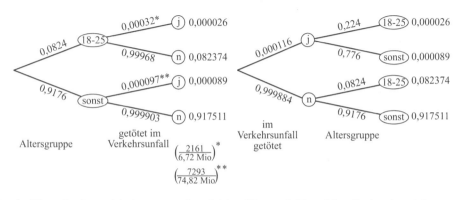

5. a) Wenn das Auto nicht immer nur den gleichen Weg zurücklegt (also die Anzeige nicht periodisch ist), kann man davon ausgehen, dass die Voraussetzungen für einen BERNOULLI-Versuch gegeben sind.

b) Angenommen, der Kilometerzähler würde bei Fahrtbeginn immer auf volle 100 m „eingestellt" z. B. $\left.\begin{array}{l}325,0\\325,1\\325,2\text{ usw.}\end{array}\right\}$ Anzeige des Kilometerstands: 325 km.

Dann wäre der Kilometerstand nach der Strecke von 3,8 km – falls es die Anzeige auf 100 m gäbe:

$\left.\begin{array}{l}328,8\\328,9\end{array}\right\}$ in 20 % der Fälle Anzeige 328 km, also Differenz 3 km

$\left.\begin{array}{l}329,0\\329,1\\\vdots\\329,7\end{array}\right\}$ in 80 % der Fälle Anzeige 329 km, also Differenz 4 km

134 c) 95 %-Konfidenzintervall für p (Anzeige Differenz 5 km).
0,170 ≤ p ≤ 0,352

↓ entspricht ↓

5,830 km   5,648 km

d) $\left|\frac{X}{n} - p\right| \leq 1{,}96 \frac{\sigma}{n} \leq 0{,}05$

ungünstiger Fall: p ≈ 0,5

$1{,}96\sqrt{\frac{0{,}5 \cdot 0{,}5}{n}} \leq 0{,}05 \;\Leftrightarrow\; n \geq 3{,}84 \cdot \frac{0{,}5^2}{0{,}05^2} \approx 384$

135 6. Mit einem Stichprobenergebnis kann nichts bewiesen werden. Das 95 %-Konfidenzintervall für den Anteil p ist: 0,534 ≤ p ≤ 0,768, was dafür spricht, dass die Aussage des Herstellers richtig ist. (99 %-Konfidenzintervall: 0,494 ≤ p ≤ 0,796).

7.

Erstzulassung	Anteil p	95 %-Umgebung (n = 300)	verträglich/ sign. Abweich.
95 - 96	0,128	[28; 49]	v.
92 - 94	0,246	[60; 88]	v.
89 - 91	0,238	[57; 85]	v.
86 - 88	0,179	[41; 66]	(v.)
80 - 85	0,175	[40; 65]	v.
vor 80	0,034	[5; 16]	s. u.

8. a) Prognose für n = 500

Typ	Anteil	95 %-Umgebung
ausländ. Fahrz.	0,315	[138; 178]
japan.	0,113	[43; 70]
französ.	0,076	[27; 49]
span.	0,042	[13; 30]
italien.	0,037	[11; 26]

c)

		Motortyp		Summe
		Benzin	Diesel	
Herstellungs-	D	0,578	0,107	0,685
land	Ausl.	0,285	0,030	0,315
Summe		0,863	0,137	1

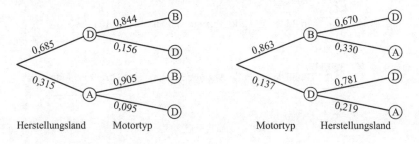

135 9. a) n = 40 Items mit je 4 Distraktoren (p = 0,25)
Prognose: n = 10 richtige Antworten

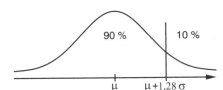

$P(X \geq 15) \approx 0{,}10 \quad \rightarrow$ Mindestzahl 15
$(P(X \leq 14) \approx 0{,}90)$ richtige Antworten

			Mindestzahl
n = 40;	p = 0,2 :	μ + 1,28 σ ≈ 11,3	12
n = 50;	p = 0,25 :	16,4	17
n = 50;	p = 0,2 :	13,6	14
n = 60;	p = 0,25 :	19,3	20
n = 60;	p = 0,2 :	16,0	16 (17)

b) Ansatz: $\mu + 1{,}28\,\sigma \leq 0{,}3 \cdot n$; für p = 0,25
also: $n \cdot 0{,}25 + 1{,}28\sqrt{n \cdot 0{,}25 \cdot 0{,}75} \leq 0{,}3n$
d. h. $-0{,}05n + 0{,}554 \cdot \sqrt{n} \leq 0$
$\sqrt{n}\left(-0{,}05\sqrt{n} + 0{,}554\right) \leq 0$
$\sqrt{n} \geq \dfrac{0{,}554}{0{,}05}$
$n \geq 123$

Analog für p = 0,2 : $n \geq 27$

c) n = 50; X = 40 : 95 %-Konfidenzintervall für das Leistungsvermögen:
$0{,}670 \leq p \leq 0{,}887$
n = 50; X = 30 : $0{,}462 \leq p \leq 0{,}724$

136 10. (1) Hypothese p = 0,5 :
95 %-Umgebung von μ (Annahmebereich): $22 \leq X \leq 35$
Entsprechend der Entscheidungsregel (Verwirf p = 0,5, falls X < 22 oder X > 35) wird die Hypothese bei X = 34 nicht verworfen, bei X = 38 verworfen.
(2) Einseitiger Hypothesentest:
1. Standpunkt: Das neue Düngemittel ist besser. Von diesem Standpunkt geht man nur ab bei signifikanter Abweichung nach unten.
2. Standpunkt: Das neue Düngemittel ist höchstens so gut, wie die bisher benutzten. Von diesem Standpunkt geht man nur ab bei signifikanter Abweichung nach oben. Diesen 2. Standpunkt nimmt man an, wenn man die Hypothese p > 0,5 bestätigen will (indirekte Methode). Also Testen der Hypothese p ≤ 0,5:

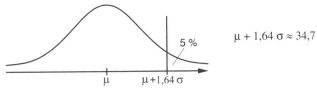

Die Hypothese p ≤ 0,5 wird verworfen (also die Hypothese p > 0,5 als richtig angesehen), falls X > 34.

136 **11.** n = 77; p = 0,5; 95 %-Umgebung von μ: [56; 78]
Das Stichprobenergebnis ist mit p = 0,5 verträglich.

12. a) n = 117; X = 18; 95 %-Konfidenzintervall $\quad 0{,}100 \le p \le 0{,}230$
Das Stichprobenergebnis liegt im Annahmebereich der Hypothese p = 0,11 (ist also verträglich).
n = 125; X = 10; 95 %-Konfidenzintervall $\quad 0{,}044 \le p \le 0{,}141$
Das Stichprobenergebnis liegt im Annahmebereich der Hypothese p = 0,13 (ist also verträglich).

b) n = 305; X = 20; 95 %-Konfidenzintervall $\quad 0{,}043 \le p \le 0{,}099$
Die Hypothese p = 0,11 wurde verworfen.
n = 312; X = 25; 95 %-Konfidenzintervall $\quad 0{,}055 \le p \le 0{,}115$
Die Hypothese p = 0,13 wurde verworfen.

c) n = 677; $\frac{X}{n} = 0{,}11 \Rightarrow X = 74$
n = 677; X = 74; 95 %-Konfidenzintervall $\quad 0{,}088 \le p \le 0{,}135$
n = 629; $\frac{X}{n} = 0{,}13 \Rightarrow X = 82$
n = 629; X = 82; 95 %-Konfidenzintervall $\quad 0{,}107 \le p \le 0{,}158$

137 **13.**

Prägejahr	Anzahl	90 %-Konfidenzintervall
≥ 1990	203	$0{,}371 \le p \le 0{,}442$
80 - 89	164	$0{,}295 \le p \le 0{,}363$
70 - 79	94	$0{,}162 \le p \le 0{,}218$
< 1970	..39	$0{,}061 \le p \le 0{,}100$

Prägeanstalt	Anzahl	90 %-Konfidenzintervall
A	9	$0{,}011 \le p \le 0{,}030$
D	..39	$0{,}061 \le p \le 0{,}100$
F	196	$0{,}357 \le p \le 0{,}428$
G	75	$0{,}126 \le p \le 0{,}178$
J	181	$0{,}328 \le p \le 0{,}397$

14. n = 682; $p = \frac{91}{627} = 0{,}145$
95 %-Umgebung von μ : $81 \le X \le 117$ $\quad$ 99 %-Umgebung von μ : $76 \le X \le 122$
Das Stichprobenergebnis weicht hochsignifikant ab!
Interpretiert man die Aufgabenstellung als *einseitigen Hypothesentest,* dann geht es um die Frage, ob die Hypothese $p \ge \frac{91}{627}$ (Die Wahrscheinlichkeit für eine missglückte Behandlung ist mit dem neuen Medikament mindestens genauso groß wie bei bisher eingesetzten Medikamenten.) verworfen werden kann.
Entscheidungsregel: Verwirf $p \ge \frac{91}{627}$, falls die Anzahl der Todesfälle kleiner ist als 78
(99 %-Niveau) (μ = 98,98; σ = 9,20; μ − 2,33 σ = 77,55).

Lösungen der Abituraufgaben

138 1. a) Binomialsatz mit X: Anzahl der Gewinnspiele mit dem Glücksrad; $p = \frac{5}{25} = 0{,}2$

(1) $n = 5$; $P(X \geq 2) = 1 - P(X \leq 1) = 1 - [P(X = 0) + P(X = 1)]$
$= 1 - [0{,}8^5 + 5 \cdot 0{,}2 \cdot 0{,}8^4] = 1 - 0{,}8208 = 0{,}1792$

(2) $n = 100$; $P(X \geq 20) = 1 - P(X \leq 19) = 1 - 0{,}460 = 0{,}540$ vgl. Tafelwerk, S. 141

(3) $n = 150$; $\mu = 30$; $\sigma = 4{,}90$

$P(X \leq 25) \approx \Phi\left(\frac{25{,}5 - 30}{4{,}90}\right) \approx \Phi(-0{,}918) \approx 0{,}179$ vgl. Tafelwerk, S. 143

b) (1) 90 %-Konfidenzintervall für p; gegeben: $n = 200$; $\frac{X}{n} = \frac{35}{200} = 0{,}175$

Mit einer Wahrscheinlichkeit von 90 % ist folgender Ansatz richtig:

$\mu - 1{,}64\,\sigma \leq X \leq \mu + 1{,}64\,\sigma$ oder $p - 1{,}64\frac{\sigma}{n} \leq \frac{X}{n} \leq p + 1{,}64\frac{\sigma}{n}$

d. h. die Lösungen der Gleichung $(0{,}175 - p)^2 = 1{,}64\frac{\sigma}{n}$

sind kleinste bzw. größte Erfolgswahrscheinlichkeiten, mit denen $\frac{X}{n} = 0{,}175$ verträglich ist: $p_{min} = 0{,}136 = 13{,}6\,\%$ $p_{max} = 0{,}223 = 22{,}3\,\%$

(2) Falls $p = 0{,}2$ und $n = 200$, dann sind $\mu = 40$ und $\sigma = 5{,}66$; $1{,}64\,\sigma = 9{,}28$

Entscheidungsregel:
Verwirf die Hypothese $p = 0{,}2$, falls die Anzahl der Gewinnspiele kleiner ist als 31 oder größer ist als 49.

Fehler 1. Art:
Die Hypothese ist richtig, das Ergebnis des Zufallsversuchs liegt aber zufällig im Verwerfungsbereich, führt also fälschlicherweise zum Verwerfen der Hypothese.
Hier: Obwohl die Angabe des Betreibers des Glücksrades richtig ist, wird aufgrund des Stichprobenergebnisses daran gezweifelt; der Betreiber wird fälschlicherweise des Betrugs beschuldigt.

Fehler 2. Art:
Die Hypothese ist falsch, das Ergebnis des Zufallsversuchs liegt aber zufällig im Annahmebereich, führt also fälschlicherweise nicht zum Verwerfen der Hypothese.
Hier: Obwohl die Angabe des Betreibers falsch ist, wird aufgrund des Stichprobenergebnisses nicht daran gezweifelt; der Betreiber wird fälschlicherweise nicht des Betrugs beschuldigt.

(3) Zu bestimmen ist die Wahrscheinlichkeit dafür, dass das Ergebnis im Annahmebereich der Hypothese liegt (also $31 \leq X \leq 49$), obwohl dem Zufallsversuch $p = \frac{4}{25} = 0{,}16$ zugrunde liegt. Für $p = 0{,}16$ sind $\mu = 32$ und $\sigma = 5{,}18$, also:

$P_{p=0{,}16}(31 \leq X \leq 49) \approx \Phi\left(\frac{49{,}5 - 32}{5{,}18}\right) - \Phi\left(\frac{30{,}5 - 32}{5{,}18}\right)$

$\approx \Phi(3{,}38) - \Phi(-0{,}290) \approx 1 - 0{,}386 = 0{,}614$

138 2. a) Binomialansatz mit n = 50 und $p = \frac{1}{365}$ bzw. $p = \frac{1}{52}$

Kugel-Fächer-Modell: 50 Unfälle (= Kugeln) werden zufällig auf 365 Tage bzw. auf 52 Wochen (= Fächer) verteilt.

(1) $P(X = 0) = \left(\frac{364}{365}\right)^{50} = 0{,}872$

$P(X = 1) = 50 \cdot \left(\frac{1}{365}\right)^1 \cdot \left(\frac{364}{365}\right)^{49} = 0{,}120$

$P(X = 2) = 1\,225 \cdot \left(\frac{1}{365}\right)^2 \cdot \left(\frac{364}{365}\right)^{48} = 0{,}008$

$P(X > 2) = 1 - 0{,}872 - 0{,}120 - 0{,}008 = 0{,}000$

Häufigkeitsinterpretation:
An ungefähr 318 Tagen ($\approx 365 \cdot 0{,}872$) wird es keinen Flugzeugabsturz geben, an ungefähr 44 Tagen einen und an ungefähr 3 Tagen des Jahres zwei Abstürze.

(2) $P(X = 0) = \left(\frac{51}{52}\right)^{50} = 0{,}379$

$P(X = 1) = 50 \cdot \left(\frac{1}{52}\right)^1 \cdot \left(\frac{51}{52}\right)^{49} = 0{,}371$

$P(X = 2) = 1\,225 \cdot \left(\frac{1}{52}\right)^2 \cdot \left(\frac{51}{52}\right)^{48} = 0{,}178$

$P(X = 3) = 19\,600 \cdot \left(\frac{1}{52}\right)^3 \cdot \left(\frac{51}{52}\right)^{47} = 0{,}056$

$P(X > 3) = 1 - 0{,}379 - 0{,}371 - 0{,}178 - 0{,}056 = 0{,}016$

Häufigkeitsinterpretation:
In durchschnittlich 1 Woche des Jahres wird es mehr als 3 Flugzeugabstürze geben.

b) Prognose mit n = 45 000 000 und $p = \frac{1}{900\,000}$, also $\mu = 50$ und $\sigma = 7{,}07$; $1{,}64\,\sigma = 11{,}60$

Mit einer Wahrscheinlichkeit von ca. 90 % wird die Anzahl der Totalverluste pro Jahr zwischen 39 und 61 liegen.

c) Testen einer einseitigen Hypothese: Der Anteil der Flugzeuge mit ernsthaften Mängeln wird *nicht* abnehmen, d. h. $p \geq 0{,}26$.

(1) Diese Hypothese wird verworfen bei signifikanten Abweichungen nach unten.

(2) Für n = 200 und p = 0,26 sind: $\mu = 52$ und $\sigma = 6{,}20$; $1{,}64\,\sigma = 10{,}17$

Entscheidungsregel:
Verwirf die Hypothese $p \geq 0{,}26$, falls in der Stichprobe weniger als 42 Flugzeuge mit ernsthaften Mängeln entdeckt werden.

(3) **Fehler 1. Art:**
Zufällig werden in der Stichprobe weniger als 42 Flugzeuge mit ernsthaften Mängeln gefunden, obwohl sich der Anteil problematischer Flugzeuge nicht reduziert hat. Man verlässt sich fälschlicherweise auf die abschreckende Wirkung der Kontrollen.

Fehler 2. Art:
Zufällig werden in der Stichprobe 42 oder mehr Flugzeuge mit ernsthaften Mängeln vorgefunden, obwohl sich der Anteil problematischer Flugzeuge reduziert hat. Man sieht sich gezwungen, weitere abschreckende Methoden zu überlegen, die möglicherweise mit weiterem finanziellen Aufwand verbunden sind.

139 3. a) Anteil in der Gesamtheit $\frac{18{,}25 \text{ Mio}}{78 \text{ Mio}} = 23{,}4\ \%$

(1) $0{,}234 \cdot 12\,000 = 2\,808$ Zuschauer in der Stichprobe

(2) 90 %-Konfidenzintervall für $p: 0{,}228 \leq p \leq 0{,}240$
Eine Sehbeteiligung von 25 % ist möglich, jedoch würde die Hypothese $p = 0{,}25$ aufgrund des Stichprobenergebnisses verworfen.

b) (1) Mögliche Hypothesen/Standpunkte:
H_1: $p > 0{,}25$ Die Veränderung des Programmschemas führt zu einer Sehbeteiligung über 25 %.
Von dieser Meinung geht man erst ab, bei signifikant niedrigen Stichprobenergebnissen.
H_2: $p \leq 0{,}25$ Die Veränderung des Programmschemas führt nicht zu einer Sehbeteiligung über 25 %.
Von dieser dieser Meinung geht man nur bei signifikant hohen Stichprobenergebnissen ab.

Entscheidungsregeln:
$n = 500; p = 0{,}25; \mu = 125; \sigma = 9{,}68$
$\mu - 1{,}28\,\sigma = 116{,}07; \mu + 1{,}28\,\sigma = 133{,}93$
Verwirf H_1, falls weniger als 117 Personen in der Stichprobe die Sendung sehen wollen. (Annahmebereich: $X \geq 117$).
Verwirf H_2, falls mehr als 133 Personen in der Stichprobe die Sendung sehen wollen. (Annahmebereich $X \leq 133$).

(2) Fehler 1. Art:
H_1: Die Änderung des Programmschemas würde zu einer Sehbeteiligung über 25 % führen. Aufgrund des zufällig niedrigen Stichprobenergebnisses wird diese Umstellung jedoch nicht realisiert - die Chance zu höherer Sehbeteiligung wird vertan.
H_2: vgl. Fehler 2. Art von H_1

Fehler 2. Art:
Die Änderung des Programmschemas führt nicht zu höherer Sehbeteiligung. Aufgrund des Stichprobenergebnisses zweifelt man aber nicht am Nutzen der Programmänderung, die dann ohne die erhoffte Wirkung umgesetzt wird.
H_2: vgl. Fehler 1. Art von H_1

(3) H_1: Fehler 2. Art $\qquad p = 0{,}20 \qquad (\mu = 100;\ \sigma = 8{,}94)$
$P_{0{,}20}(X \geq 117) \approx 1 - \Phi\!\left(\frac{116{,}5-100}{8{,}94}\right) \approx 1 - \Phi(1{,}85) \approx 3{,}2\ \%$
H_2: Fehler 2. Art $\qquad p = 0{,}28 \qquad (\mu = 140;\ \sigma = 10{,}04)$
$P_{0{,}28}(X \leq 133) \approx \Phi\!\left(\frac{133{,}5-140}{10{,}04}\right) \approx \Phi(-0{,}65) \approx 25{,}8\ \%$

139 4. a) n = 5; p = 0,4 (X: Anzahl der Freikarten für Jungen)
P(X ≥ 3) = P(X = 3) + P(X = 4) + P(X = 5)
$$= \binom{5}{3} 0{,}4^3 0{,}6^2 + \binom{5}{4} 0{,}4^4 0{,}6^1 + \binom{5}{5} 0{,}4^5 0{,}6^0 = 0{,}2304 + 0{,}0768 + 0{,}01024 = 0{,}31744$$

b) Kugel-Fächer-Modell: 50 Kugeln werden zufällig auf 20 Fächer verteilt (n = 50; $p = \frac{1}{20}$)

$P(X = 0) = 0{,}95^{50} = 0{,}077$

$P(X = 1) = \binom{50}{1} 0{,}05^1 0{,}95^{49} = 0{,}202$

$P(X = 2) = \binom{50}{2} 0{,}05^2 0{,}95^{48} = 0{,}261$

$P(X = 3) = \binom{50}{3} 0{,}05^3 0{,}95^{47} = 0{,}220$

$P(X > 3) = 1 - P(X \leq 3) = 0{,}240$

c) (1) Hypothese: $p > \frac{12}{20}$ (Bevorzugung der Mädchen)
Für p = 0,6; n = 45 ist μ = 27; σ = 3,29; μ − 1,28 · σ = 22,79.
Die Jungen wären nur bereit, von ihrer Vermutung abzugehen, falls weniger als 23 Freikarten an Mädchen gehen.

(2) *Fehler 1. Art:*
Tatsächlich werden die Mädchen vom Lehrer bevorzugt, aber zufällig ist das Stichprobenergebnis so niedrig, dass dies nicht auffällt.
Fehler 2. Art:
Der Lehrer bevorzugt die Mädchen nicht; aufgrund des Stichprobenergebnisses bleiben die Jungen aber bei ihrer Meinung.

(3) $P_{0{,}50}(X \geq 23) \approx 1 - \Phi\left(\frac{22{,}5 - 22{,}5}{3{,}35}\right) \approx 50\ \%$
n = 45; p = 0,50; μ = 22,5; σ = 3,35

140 5. a) vgl. Aufgabe 2 (S. 31)

b) (1) n = 1 000; p = 0,364; μ = 364 (Punktschätzung)
90 % - Umgebung: 340 ≤ X ≤ 388 (Intervallschätzung)

(2) $P(X \geq 400) \approx 1 - \Phi\left(\frac{399{,}5 - 364}{15{,}22}\right) \approx 1 - \Phi(2{,}33) \approx 1\ \%$

c) H_1: p > 0,069 Die Informationskampagne würde zu einem höheren Stimmanteil führen. Von dieser Meinung geht der Parteivorstand nur ab bei signifikanter Abweichung nach unten.
H_2: p ≤ 0,069 Die Informationskampagne würde nicht zu höherem Stimmanteil führen. Der Schatzmeister geht von seiner Meinung nur ab bei signifikanter Abweichung nach oben.
Entscheidungsregeln: (n = 1 200; p = 0,069; μ = 82,8)
Verwirf H_1, falls weniger als 69 Personen angeben, FDP wählen zu wollen
(μ − 1,64 σ = 68,40).
Verwirf H_2, falls mehr als 97 Personen angeben, FDP wählen zu wollen
(μ + 1,64 σ = 97,20).

140

H_1: *Fehler 1. Art:* Die Informationskampagne war nützlich, aber das ungünstige Stichprobenergebnis verunsichert den Parteivorstand (vermeintlich unnütze Geldausgabe).
Fehler 2. Art: Die Informationskampagne hatte nicht den gewünschten Erfolg, aber das Stichprobenergebnis verdeckt dies; die Mittel wurden vergeblich investiert.
H_2: umgekehrt

6. a) Wir betrachten in der Gesamtheit der an schweren Unfällen beteiligten Fahrzeugführer die beiden Merkmale Geschlecht bzw. Verursacher.

Darstellung der Information im Baumdiagramm

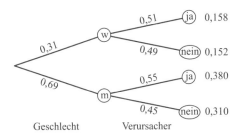

Darstellung der Information in einer Vierfeldertafel

		Geschlecht		
		w	m	gesamt
Verur-	ja	0,158	0,380	0,538
sacher	nein	0,152	0,310	0,462
	gesamt	0,310	0,690	1

Darstellung der Informationen im umgekehrten Bamdiagramm

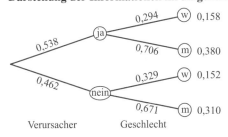

Text zum umgekehrten Baumdiagramm:

Männer öfter an schweren Unfällen beteiligt
Bei den schweren Straßenverkehrsunfällen des Jahres 1996 (mit Toten und Verletzten) ließ sich in ca. 54 % der Fälle ein Hauptschuldiger ausfindig machen; dies war in ca. 71 % ein Mann. Unter den Fahrern, die zwar an diesen Unfällen beteiligt waren, aber nicht Hauptschuld trugen, waren jedoch mit ca. 67 % ebenfalls die Männer in der Mehrheit.

140

b) **Schluss von der Gesamtheit auf die Stichprobe**
p = 0,18; n = 1 000; µ = 180; σ = 12,15; 1,64 σ = 19,92
Mit einer Wahrscheinlichkeit von ca. 90 % wird die Anzahl der betreffenden Unfälle (mit 'unangepasster Geschwindigkeit' als Ursache) zwischen 161 und 199 (einschl.) liegen.

c) **Mindestanzahl von Erfolgen**
3,72 % der Unfälle wurden von einer Fahrerin durch 'unangepasste Geschwindigkeit' verursacht.
Damit man mit einer Sicherheitswahrscheinlichkeit von 90 % tatsächlich 50 Akten findet, muss µ − 1,28 σ ≥ 50 sein.
Lösung der quadratischen Gleichung (mit $\sqrt{n}$ als Variable) führt zu: n ≥ 1 605.
Zur Kontrolle: $1\,605 \cdot 0{,}0372 - 1{,}28 \cdot \sqrt{1\,605 \cdot 0{,}0372 \cdot 0{,}9628} \approx 50$

d) **Einseitiger Hypothesentest**
Standpunkt A: Höchstens 31 % der Personen, die ein Fahrzeug lenken, sind Frauen.
Von diesem Standpunkt geht man nur ab, wenn in der Stichprobe signifikant viele Frauen angetroffen werden.
Standpunkt B: Mehr als 31 % der Personen, die ein Fahrzeug lenken, sind Frauen.
Von diesem Standpunkt geht man nur ab, wenn in der Stichprobe signifikant wenige Frauen angetroffen werden.
Für n = 1 000 und p = 0,31 sind : µ = 310 und 1,64 σ ≈ 24

Entscheidungsregeln auf dem 95 %-Niveau:
Standpunkt A: Verwirf Standpunkt A (Hypothese p ≤ 0,31), falls X > µ + 1,64 σ, d. h. falls in der Stichprobe vom Umfang n = 1 000 mehr als 334 Frauen am Lenker angetroffen werden.
Standpunkt B: Verwirf Standpunkt B (Hypothese p > 0,31), falls X < µ − 1,64 σ, d. h. falls in der Stichprobe vom Umfang n = 1 000 weniger als 286 Frauen am Lenker angetroffen werden.